Климатический заговор: разоблачение правды о глобальном

BRIAN PEARCE

Published by Brian Pearce, 2025.

КЛИМАТИЧЕСКИЙ ЗАГОВОР: РАЗОБЛАЧЕНИЕ ПРАВДЫ О ГЛОБАЛЬНОМ

First edition. January 9, 2025.

ISBN: 979-8230305996

Written by BRIAN PEARCE.

Содержание

Введение

Есть преобладающая история, которую нам всем рассказывали: планета движется к катастрофе, и если мы не предпримем решительных действий сейчас, будет слишком поздно. Нам говорят, что деятельность человека является основным фактором изменения климата, что наше сжигание ископаемого топлива, вырубка лесов и индустриализация ускоряют конец жизни, какой мы ее знаем. Кажется, каждый день мы сталкиваемся с очередной тревожной новостью. Однако под поверхностью этих заголовков разворачивается нечто гораздо более глубокое и тревожное.

Повествование об изменении климата, как его часто представляют, не так однозначно, как нас заставляют верить. Оно сложное, многослойное и, в некоторых случаях, манипулируемое. За каждой историей о таянии ледяных шапок и повышении уровня моря стоит смесь политических программ, корпоративных интересов и, честно говоря, дезинформации. Правда? Ее гораздо сложнее раскрыть, чем те пустые слова, которыми нас пичкают.

Один из самых влиятельных голосов по этому вопросу, бывший ученый НАСА доктор Джон Кристи, сказал: «Мы не можем просто предполагать, что все пойдет в том направлении, в котором они прогнозируются, потому что модели не являются реальностью». И все же модели продолжают цитироваться как истина в последней инстанции. Они используются для оправдания всего, от глобальной политики до местных правил, хотя эти модели, как было показано, глубоко ошибочны.

Мы живем в то время, когда разговор об изменении климата касается не только науки — он касается власти. Дебаты больше не являются просто вопросом охраны окружающей среды; они стали идеологическим полем битвы, где целые отрасли, правительства и даже страны борются за контроль над повествованием. Но реальный вопрос остается: основано ли все это на фактах или есть что-то еще?

Правда в том, что мы на самом деле не знаем всего, что можно знать о климате Земли. Мы можем измерять температуру, отслеживать выбросы углерода и наблюдать тенденции, но нет никакой уверенности. Климат — это хаотичная система, которая подвергалась естественным колебаниям задолго до человеческой индустриализации. Как сказал эксперт по окружающей среде доктор Бьорн Ломборг: «В мире всегда были изменения климата. Идея о том, что изменение климата — это нечто беспрецедентное и вызванное деятельностью человека, является чрезмерным упрощением».

Десятилетиями нам говорили, что человечество находится на грани катастрофы, однако, когда мы оглядываемся вокруг, мир, похоже, не находится на грани краха. Конечно, мы сталкиваемся с экологическими проблемами, но то, насколько они обусловлены природными факторами, а насколько человеческими действиями, все еще остается предметом споров. И ответы, которые нам дают, не всегда соответствуют реальности, которую мы видим.

Возьмем, к примеру, вопрос повышения уровня моря. Это один из самых обсуждаемых аспектов обсуждения изменения климата, используемый для оправдания всего: от масштабных изменений инфраструктуры до международных политических инициатив. Но если углубиться в данные, ситуация не так проста, как кажется. Скорость повышения уровня моря менялась на протяжении всей истории, периоды быстрых изменений сменялись застоем. Фактически, последние данные свидетельствуют о том, что уровень моря повышается медленнее, чем предсказывали многие климатические модели. Если мы не будем осторожны, мы рискуем построить целые политические рамки на основе основанного на страхе повествования, которое не отражает фактов на местах.

Не только уровень моря становится объектом алармистских заголовков. Дебаты о глобальном потеплении были омрачены сенсационными прогнозами об экстремальных погодных явлениях, опустынивании и крахе экосистем. Тем не менее, хотя некоторые регионы могут испытывать более сильные штормы или засухи, глобальная картина далека от однородной. И не будем забывать, что многие из этих экстремальных явлений имеют естественные причины — океанические течения, солнечная активность, извержения вулканов, — которые происходят на протяжении тысячелетий.

Это не значит, что человеческая деятельность не играет роли. Она играет. Но предполагать, что только наши действия определяют будущее планеты, — это чрезмерное упрощение, которое упускает из виду множество нюансов. Как выразился Ричард Линдзен, бывший профессор атмосферных наук в Массачусетском технологическом институте: «Модели постоянно оказывались неверными, а реальность была гораздо менее тревожной».

Эта книга не об отрицании реальности изменения климата. Она о том, чтобы подвергнуть сомнению навязанную нам историю, оспорить предположения и разоблачить скрытые политические и финансовые мотивы, стоящие за всем этим. Она о поиске истины, куда бы она нас ни привела, и признании того, что климатический кризис, с которым мы сталкиваемся, гораздо сложнее — и гораздо менее предсказуем, — чем нас заставляли верить.

И давайте будем честны: это не нападение на научное сообщество. Далеко не так. Многие блестящие умы в области климатологии поднимали обоснованные вопросы о том, как интерпретируются данные, как строятся модели и насколько надежны долгосрочные прогнозы. Проблема заключается в избирательном использовании данных, нежелании оспаривать устоявшиеся нарративы и манипулировании результатами для соответствия определенной повестке дня.

Это не новое явление. История полна примеров того, как научный консенсус был ошибочным, а затем его опровергали новые доказательства и новые способы мышления. Например, в начале 20-го века ученые считали, что полеты тяжелее воздуха невозможны, и все же, через несколько десятилетий, мы летали через океаны. Такова природа науки: она развивается, растет и иногда ошибается.

По мере того, как мы глубже погружаемся в правду, стоящую за повествованием об изменении климата, мы должны помнить, что наука не статична. Это процесс открытия, постановки вопросов и пересмотра. Речь идет о снятии слоев, как бы неудобно это ни было, чтобы раскрыть то, что происходит на самом деле.

Но за пределами науки есть нечто еще более важное: человеческая цена этого спора. Каждый день принимаются политические решения, которые затрагивают миллионы людей. Экономики перестраиваются, отрасли облагаются налогами, и целым народам говорят, что их образ жизни должен измениться. Но действительно ли эти изменения необходимы или они вызваны сфабрикованным кризисом?

В следующих главах мы рассмотрим историю повествования о глобальном потеплении, критически взглянем на данные и поставим под сомнение роль политики, корпораций и СМИ в формировании климатического дискурса. Мы также рассмотрим скрытые издержки повестки дня по глобальному потеплению и мощные силы, которые извлекают выгоду из увековечения идеи неминуемой климатической катастрофы.

Мы не будем предлагать простых ответов. Вместо этого мы постараемся раскрыть сложность проблемы и бросить вызов упрощениям, которые десятилетиями доминировали в публичных дебатах. Потому что правда не всегда то, чем кажется, и иногда ее гораздо сложнее найти, чем заголовки заставляют нас верить.

Глава 1: Истоки теории глобального потепления

Рост осведомленности об изменении климата

1970-е годы стали определяющим моментом для экологического сознания. Мир переживал быстрые изменения — индустриализация была на пике, урбанизация на подъеме, и последствия того и другого становились все более заметными. Загрязнение было густым в воздухе, реки были заметно испорчены, а кризисы общественного здравоохранения, связанные с ухудшением состояния окружающей среды, становились все более частыми. Но не только физическая деградация планеты привлекла внимание общественности; это было осознание того, что наши действия имеют необратимые последствия.

Ранние экологические движения изначально не были сосредоточены на изменении климата. Вместо этого они были основаны на растущем осознании локального загрязнения и его влияния на общественное здоровье. Первый День Земли в 1970 году стал поворотным событием, которое вывело миллионы людей на улицы, требуя большего внимания к проблемам окружающей среды. Это событие стало переломным моментом в экологическом движении, показав, что широкая часть населения обеспокоена здоровьем планеты. Тогда акцент делался в первую очередь на контроле загрязнения, сохранении природных ресурсов и регулировании промышленных отходов.

Однако по мере того, как движение за охрану окружающей среды начало расти, не потребовалось много времени, чтобы возникла более широкая и глобальная проблема. Ученые и активисты начали связывать точки между деятельностью человека, индустриализацией и потеплением планеты. Это было рассветом того, что в конечном итоге стало известно как движение за «глобальное потепление», но оно не начиналось так, как мы знаем его сегодня.

В начале 1970-х годов экологические группы и ученые все еще были сосредоточены в основном на другом нарративе: глобальном похолодании. В то время преобладало мнение, что мир вступает в новый ледниковый период. Сообщения из таких изданий, как Newsweek, предупреждали, что Земля охлаждается с пугающей скоростью, и что человечество находится на грани катастрофы. Обоснование этого было относительно простым: считалось, что промышленные выбросы, такие как дым и сажа, отражают солнечный свет от Земли, что приводит к падению глобальной температуры. Нарратив «глобального похолодания» был подкреплен серией отчетов и исследований, которые рисовали мрачную картину надвигающегося ледникового периода.

Однако эта история продлилась недолго. К концу 1970-х и началу 1980-х годов разговор начал меняться. Было обнаружено, что доказательства похолодания менее надежны, чем первоначально считалось, и ученые начали склоняться к глобальному потеплению как более правдоподобному объяснению наблюдаемых изменений температуры. Сдвиг был частично вызван новыми исследованиями, которые предполагали, что повышение уровня углекислого газа (CO2) может способствовать повышению температуры Земли.

Первый значительный поворотный момент наступил в 1979 году, когда Национальная академия наук (NAS) опубликовала отчет, в котором подчеркивалось потенциальное воздействие CO2 на климат. Этот отчет заложил основу для идеи о том, что деятельность человека, в частности сжигание ископаемого топлива, начинает влиять на климат способами, которые могут иметь катастрофические последствия. По сути, он ознаменовал начало нового, более зловещего климатического повествования: идеи о том, что Земля нагревается, а не охлаждается, и что человечество является основным фактором.

Это был поворотный момент в развитии повествования о глобальном потеплении — тот, который будет расти в течение следующих десятилетий. Проблема была не только в изменении температуры; проблема была в том, как действия человека ускоряли его. Растущая обеспокоенность глобальным потеплением, подпитываемая растущим объемом научных исследований, вскоре нашла свое место в политической и медийной сферах, подготавливая почву для глобальных климатических дебатов, которые продолжаются и сегодня.

Эволюция концепции «глобального потепления»: от похолодания к потеплению

Важно понимать, что эволюция от глобального похолодания к глобальному потеплению была не просто сдвигом в научном понимании — это был сдвиг в том, как СМИ и политические органы формулировали проблему. В то время как повествование о похолодании изначально основывалось на видимых признаках ухудшения состояния окружающей среды, повествование о потеплении основывалось на данных, собранных с помощью все более сложных технологий, таких как спутники и климатические модели.

Конец 1980-х годов стал решающим моментом в этом сдвиге. В 1988 году Организация Объединенных Наций и Всемирная метеорологическая организация создали Межправительственную группу экспертов по изменению климата (МГЭИК) для оценки научных доказательств изменения климата. Создание МГЭИК ознаменовало формализацию дебатов по изменению климата на глобальной сцене. Отчеты МГЭИК начали объединять научные и политические аспекты глобального потепления, описывая потенциальные риски и последствия изменения климата для человеческих обществ и экосистем.

Однако реальные изменения произошли, когда эти научные открытия были объединены с растущим влиянием СМИ и политических лидеров, которые начали усиливать идею глобального потепления как кризиса, требующего немедленных действий. Это были не только ученые, пишущие статьи; это были ведущие новостей на телевидении в прайм-тайм, политики в своих речах и экологи, митингующие на улицах.

В 1990-х годах, когда глобальное потепление стало более широко признано как научный факт, в СМИ начало формироваться представление об изменении климата. Термин «глобальное потепление» стал синонимом надвигающегося кризиса, и беспокойство общественности быстро росло. Один из определяющих моментов этой эпохи наступил в 1992 году, когда Саммит Земли в Рио-де-Жанейро собрал мировых лидеров для обсуждения будущего планеты. Именно там закрепилась концепция изменения климата как глобальной чрезвычайной ситуации, и именно там термин «изменение климата» начал приобретать более срочный, угрожающий тон, который мы знаем сегодня.

Этот сдвиг был не просто научным или политическим событием; он был культурным. Рост осведомленности о глобальном потеплении совпал с 24-часовым циклом новостей, когда сенсационные истории могли транслироваться миллионам одним нажатием кнопки. Экологи и политики, такие как Эл Гор, помогли продвинуть повествование дальше в общественное внимание, сделав глобальное потепление центральной проблемой как внутренних, так и международных политических дискуссий. К началу 2000-х годов борьба с глобальным потеплением была полностью встроена в политическую риторику того времени, дело, отстаиваемое политиками, экологическими группами и даже крупными корпорациями, которые видели в этом способ продвижения новых рынков для зеленых технологий.

Ключевые события и отчеты, которые ускорили обсуждение проблемы изменения климата

В 1990-х годах несколько ключевых отчетов и событий помогли поднять тему глобального потепления на новый уровень, закрепив ее как серьезную глобальную проблему. Первый крупный отчет МГЭИК в 1990 году сыграл важную роль в этом процессе, поскольку он подтвердил выводы предыдущих исследований о том, что температура Земли действительно растет, и что деятельность человека вносит значительный вклад в эту тенденцию. Но не только научное сообщество поддерживало этот сдвиг — политики также обратили на него внимание.

Киотский протокол 1997 года, международный договор, направленный на сокращение глобальных выбросов парниковых газов, стал еще одним переломным моментом в дебатах о глобальном потеплении. Договор объединил страны под предпосылкой, что глобальное потепление можно смягчить путем обязательного сокращения выбросов. Хотя сам договор столкнулся с трудностями и в конечном итоге не достиг своих целей, он послал четкий сигнал: мир готов действовать по проблеме изменения климата. Киотский протокол стал крупным шагом вперед в признании глобального потепления как ключевого политического вопроса, который больше нельзя игнорировать.

Но эти официальные отчеты и договоры были не единственными катализаторами повествования о глобальном потеплении. В 2006 году бывший вице-президент Эл Гор выпустил документальный фильм «Неудобная правда», который стал культурным критерием в дебатах об изменении климата. Фильм Гора был признан за повышение осведомленности об опасностях глобального потепления и вывел эту проблему в мейнстрим. Фильм получил премию «Оскар», еще больше укрепив идею о том, что глобальное потепление — это не просто научная или политическая проблема — теперь оно стало частью культурного духа времени.

Как политические повестки дня и СМИ повлияли на повествования о глобальном потеплении

Возможно, наиболее глубокое влияние на рост популярности темы глобального потепления оказало то, как политические повестки дня и СМИ работали вместе, чтобы сформировать общественное мнение. По мере того, как проблема изменения климата становилась все более заметной, стало ясно, что можно получить значительный политический рычаг, согласовав свои действия с экологическими проблемами. Правительства, международные организации и корпорации начали видеть ценность в поддержке повестки дня по изменению климата, как по политичсским причинам, так и ради финансовой выгоды.

Такие политики, как Эл Гор, были среди самых ярых сторонников действий по борьбе с изменением климата, используя свою платформу для продвижения глобального сотрудничества и принятия международных договоров. Но не только левые политики приняли нарратив о глобальном потеплении. Руководители бизнеса, особенно в секторе возобновляемой энергии, увидели потенциал для получения значительной прибыли в борьбе с изменением климата. Во многих случаях компании, занимающиеся зеленой энергетикой, могли выиграть от государственных субсидий, рынков углерода и мандатов на производство возобновляемой энергии.

Средства массовой информации, со своей стороны, сыграли незаменимую роль в усилении повествования о глобальном потеплении. Изменение климата изображалось не только как научная проблема, но и как моральная проблема — кризис, требующий немедленного внимания.

Новостные агентства регулярно публиковали сюжеты об опасностях глобального потепления, от повышения уровня моря до экстремальных погодных явлений. Представление изменения климата как кризиса позволило СМИ создать ощущение срочности, что, в свою очередь, привело к общественному давлению на политиков, заставляющих их действовать.

В интервью 2007 года бывший президент Билл Клинтон сделал заявление, которое вкратце отразило политическую и медийную риторику вокруг глобального потепления: «Климатический кризис — это не политический вопрос, это моральный и духовный вызов всему человечеству. Это также наша величайшая возможность поднять глобальное сознание на более высокий уровень». Это заявление отражает то, как проблема глобального потепления переплелась с более масштабными моральными и этическими аргументами, что усилило ее привлекательность как для политических лидеров, так и для широкой общественности.

Эта растущая коалиция экологов, политиков и СМИ сформировала разговор таким образом, что стало все труднее оспаривать нарратив. Разговор больше не шел о том, происходит ли глобальное потепление, а о том, как предотвратить надвигающуюся катастрофу.

По мере развития дебатов вокруг глобального потепления эта проблема стала гораздо более значимой, чем просто наука. Она стала касаться политики, политики, экономики и общественного мнения — факторов, которые продолжали формировать климатические дискуссии на протяжении десятилетий. То, что началось в 1970-х годах как движение за контроль над загрязнением, в конечном итоге превратилось в глобальную битву за будущее планеты, последствия которой выходят далеко за рамки науки и проникают в саму структуру общества.

Роль науки в дебатах об изменении климата

Как формируется и оспаривается научный консенсус в климатологии

Науку часто изображают как окончательный процесс, где факты возникают из непредвзятых данных и рационального анализа. Теоретически научный консенсус должен представлять собой коллективное суждение экспертов, основанное на весе доказательств. Однако в случае изменения климата идея консенсуса стала сложным, а порой и спорным вопросом.

Когда мы говорим о «научном консенсусе» по изменению климата, мы по сути имеем в виду общее согласие среди климатологов, что деятельность человека, в частности сжигание ископаемого топлива, способствует глобальному потеплению. Этот консенсус часто представляется как неопровержимый, но важно понимать, что научный консенсус не означает абсолютной уверенности. Наука постоянно развивается; гипотезы проверяются, перепроверяются и пересматриваются по мере обнаружения новых доказательств.

Одним из наиболее ярких примеров того, как формируется научный консенсус в климатологии, является Межправительственная группа экспертов по изменению климата (МГЭИК). МГЭИК, созданная в 1988 году, занимается оценкой научной информации, связанной с изменением климата. Каждые несколько лет она выпускает всеобъемлющий отчет, в котором обобщены выводы тысяч ученых по всему миру. Эти отчеты часто цитируются как окончательное заявление об изменении климата, формирующее политические решения и общественное восприятие.

Однако формирование этого консенсуса не обошлось без противоречий. Например, хотя МГЭИК предоставила платформу для экспертного консенсуса, критики отметили, что процесс достижения этого консенсуса иногда может включать выборочное исключение несогласных взглядов или сужение сферы того, что считается «приемлемой» наукой. В своей книге 2006 года «Политически некорректное руководство по глобальному потеплению» Кристофер К. Хорнер предполагает, что консенсус вокруг изменения климата был больше связан с политическим и идеологическим согласием, чем с научной объективностью.

Существует также проблема инакомыслия в научном сообществе. Вопреки утверждению, что изменение климата является неоспоримой истиной, многие авторитетные ученые выразили обеспокоенность по поводу предположений и методологий, лежащих в основе основных климатических моделей. Например, в 2009 году группа ученых опубликовала открытое письмо, в котором оспаривала выводы МГЭИК, утверждая, что «консенсус» был скорее вопросом политической целесообразности, чем научной достоверности. Эти несогласные голоса часто маргинализируются или игнорируются основными СМИ и политиками, но они подчеркивают важную истину: наука — это динамичная и спорная область, а не статичный набор неизменных фактов.

Роль манипулирования данными и выборочной отчетности в формировании паники по поводу глобального потепления

Науку часто приравнивают к объективности, однако иногда она формируется под влиянием человеческих тенденций предвзятости, избирательной интерпретации и политического влияния. В случае изменения климата манипуляция данными или избирательное освещение событий стали одним из наиболее спорных аспектов дебатов.

Один из самых известных случаев произошел в 2009 году, когда ряд писем от климатологов из Университета Восточной Англии попали в открытый доступ, что стало известно как скандал «Климатгейт». Эти письма показали, что некоторые исследователи обсуждали способы подавления инакомыслия, манипулирования данными и даже предотвращения публикации противоположных научных результатов. Хотя ученые, вовлеченные в скандал, утверждали, что письма были вырваны из контекста, инцидент выявил хрупкость доверия в сообществе климатологов.

Проблема манипулирования данными и выборочной отчетности распространяется не только на отдельные инциденты, но и на более широкую тенденцию подчеркивания данных, которые поддерживают определенную версию, при этом преуменьшая данные, которые ее не поддерживают. Например, так называемый график «хоккейной клюшки», созданный Майклом Манном в 1998 году, стал одним из самых знаковых изображений климатического алармизма. Он показал резкое повышение глобальной температуры в течение 20-го века, что использовалось для утверждения, что деятельность человека была основной причиной потепления. Однако последующие расследования поставили под сомнение обоснованность данных и методологии Манна, и некоторые предположили, что график преувеличивал степень потепления в прошлом.

Хотя некоторые манипуляции данными могут быть непреднамеренными, большая часть выборочной отчетности является преднамеренной. Исследования и данные, которые не вписываются в «консенсусное» повествование, часто игнорируются, игнорируются или замалчиваются. В СМИ это приводит к крайне однобокому представлению проблемы, где противоположные точки зрения часто опускаются или преуменьшаются, и выделяются только самые тревожные прогнозы. Такой подход способствует возникновению чувства срочности и страха, но он также искажает всю сложность проблемы.

Также стоит отметить, что выборочное предоставление данных не ограничивается только учеными или СМИ. Политики и активисты часто выбирают исследования, которые поддерживают их политические программы, игнорируя исследования, которые бросают вызов их взглядам. Это выборочное использование данных является частью более крупной политической экосистемы, окружающей изменение климата, где факты могут быть сформированы так, чтобы соответствовать идеологическим рамкам.

Влияние источников финансирования на климатические исследования и выводы

Финансирование климатических исследований долгое время было источником споров, поскольку источник финансирования иногда может влиять на направление и результаты научных исследований. В любой области науки финансирование имеет решающее значение для проведения исследований, и климатология не является исключением. Однако характер финансирования климатических исследований привел к опасениям, что исследования часто формируются в соответствии с приоритетами организаций или правительств, предоставляющих деньги.

Значительная часть финансирования климатических исследований поступает от государственных учреждений, таких как Национальное управление океанических и атмосферных исследований США (NOAA) или программа Европейского союза Horizon 2020. Хотя эти учреждения финансируют ценную, объективную научную работу, их приоритеты также могут совпадать с определенными политическими повестками дня. Правительства, которые продвигают политику в области климата, такую как налоги на выбросы углерода или мандаты на возобновляемые источники энергии, имеют корыстный интерес в поддержке исследований, которые подчеркивают срочность изменения климата. Это создает ситуацию, когда исследователи могут чувствовать давление, чтобы сделать выводы, которые соответствуют преобладающему нарративу, независимо от того, подтверждают ли данные эти выводы на самом деле.

Не только правительства влияют на финансирование климатических исследований. Интересы частного сектора также играют важную роль. Например, энергетические компании, особенно в секторе возобновляемой энергии, могут финансировать исследования, которые поддерживают расширение зеленых технологий. Этот тип финансирования может создать конфликт интересов, поскольку исследователи могут чувствовать себя заинтересованными в получении результатов, которые оправдывают инвестиции их благотворителей. Похожая ситуация существует в отрасли ископаемого топлива, где компании могут финансировать исследования, чтобы преуменьшить серьезность изменения климата и роль человеческой деятельности.

Влияние финансирования на климатические исследования — это не теория заговора, это хорошо документированное явление. В 2010 году исследование Калифорнийского университета в Беркли показало, что исследователи, финансируемые отраслью ископаемого топлива, с большей вероятностью проводили исследования, в которых преуменьшалась роль CO2 в изменении климата. Аналогичным образом, исследования, финансируемые экологическими организациями, с большей вероятностью подчеркивали серьезность изменения климата. Это подчеркивает важность критической оценки источников финансирования научных исследований и понимания того, как финансирование может повлиять на выводы, которые делаются.

Однако не все исследования зависят от финансирования, и многие ученые стремятся к объективным, непредвзятым выводам. Ключевым выводом здесь является то, что источник финансирования является важной переменной, которую следует учитывать при оценке надежности научных исследований.

Анализ достоверности климатических моделей и прогнозов

В основе дебатов об изменении климата лежат модели и прогнозы, которые предсказывают будущие климатические сценарии. Эти модели часто используются правительствами и организациями, такими как МГЭИК, для руководства политическими решениями и информирования общественности о том, что поставлено на карту. Достоверность этих моделей имеет решающее значение, поскольку они помогают определить срочность климатического кризиса.

Климатические модели — это невероятно сложные системы, которые учитывают широкий спектр переменных, включая атмосферные условия, океанские течения, солнечную радиацию и выбросы углерода. Цель этих моделей — спрогнозировать, как изменится климат Земли при различных сценариях, например, при различных уровнях выбросов парниковых газов.

Однако с этими моделями связаны существенные проблемы. Во-первых, климатические модели основаны на ряде предположений, многие из которых крайне неопределенны. Например, модели должны оценивать будущие выбросы, на которые влияют непредсказуемые факторы, такие как технологический прогресс, изменения в глобальной экономической активности и сдвиги в политической воле. Небольшие изменения в этих предположениях могут привести к радикально отличающимся прогнозам.

Более того, многие климатические модели не смогли точно предсказать прошлые изменения климата. В 2007 году четвертый оценочный доклад МГЭИК предсказал, что глобальные температуры будут расти примерно на 0,2 градуса Цельсия за десятилетие. Однако этот прогноз не был подтвержден фактическими данными о температуре. Так называемая «пауза» в глобальном потеплении с конца 1990-х по 2010-е годы не была предсказана большинством моделей, что ставит под сомнение точность этих прогнозов.

Более того, зависимость от компьютерных моделей для прогнозирования долгосрочных климатических результатов имеет свои пределы. Эти модели по сути являются симуляциями, основанными на имеющихся данных, и их точность зависит от качества входных данных. Климатические модели часто борются со сложностью природных систем, и есть много факторов, таких как образование облаков и океанические циклы, которые по-прежнему трудно предсказать. Хотя модели могут быть полезны для определения общих тенденций, они менее надежны, когда дело доходит до конкретных прогнозов.

Несмотря на эти ограничения, климатические модели часто представляются как окончательные руководства по будущим климатическим сценариям, и их неопределенности не всегда полностью раскрываются общественности. Это привело к растущему чувству тревоги, основанному на прогнозах, которые могут быть не такими точными, как их изображают. Важно подходить к климатическим моделям критически, признавая как их сильные стороны, так и их ограничения.

Повестка дня движения по борьбе с изменением климата

Пересечение изменения климата и глобальной экономической политики (налоги на выбросы углерода, углеродные кредиты)

Когда мы изучаем движение за изменение климата, важно понимать, что это не просто научная или экологическая проблема. По своей сути, это также глубокая экономическая и политическая проблема, которая влияет на мировую политику. Рост налогов на выбросы углерода и углеродных кредитов — два наиболее важных экономических инструмента, используемых в борьбе с изменением климата, и хотя они представляются как необходимые меры по снижению глобального потепления, они также поднимают важные вопросы о том, кто на самом деле выигрывает от этой политики.

Налоги на выбросы углерода, по сути, являются налогами, взимаемыми с предприятий на основе их выбросов углерода. Идея заключается в том, чтобы стимулировать компании сокращать выбросы парниковых газов, сделав загрязнение окружающей среды финансово затратным для них. Однако, хотя цель звучит благородно, налоги на выбросы углерода часто могут иметь непреднамеренные последствия. Они могут привести к росту стоимости товаров и услуг для потребителей, непропорционально влияя на бедных и средний класс. Например, если налог на выбросы углерода вводится на бензин или электричество, цены на эти основные товары растут, что влияет на семьи, которые и так борются со стоимостью жизни.

На мировой арене углеродные кредиты — или «углеродные компенсации» — это механизм, который позволяет компаниям приобретать кредиты для компенсации своих выбросов путем инвестирования в проекты, направленные на сокращение выбросов углерода, такие как лесовосстановление или инициативы в области возобновляемой энергии. Эта система продается как способ для компаний продолжать свою деятельность, продолжая при этом вносить вклад в экологическую устойчивость. Но реальность гораздо сложнее. Многие из этих кредитов выдаются без надлежащей проверки их фактического воздействия на окружающую среду, что заставляет некоторых критиков утверждать, что углеродные кредиты по сути являются способом для корпораций откупиться от ответственности, не внося существенных изменений в свою деятельность.

Часто упускается из виду, что эти механизмы могут создавать огромную прибыль для определенных компаний и финансовых учреждений, которые управляют рынками выбросов углерода. По мере роста спроса на углеродные кредиты растет и потенциал финансовых спекуляций, приносящих прибыль тем, у кого есть власть и ресурсы, чтобы извлечь из этого выгоду. Одним из таких примеров является рост рынков торговли углеродом, которые стали многомиллиардной индустрией. В то время как среднестатистический гражданин несет более высокие издержки из-за налогов на выбросы углерода, небольшая группа корпораций и инвесторов получает огромную прибыль от торговли углеродными кредитами. Это создает прямой конфликт интересов, поскольку те, кто получает наибольшую выгоду от налогов и кредитов на выбросы углерода, являются теми же субъектами, которые контролируют экономические механизмы, стоящие за ними.

Влияние международных организаций, таких как ООН и Всемирный экономический форум, на политику в области климата

Международные организации, в частности Организация Объединенных Наций (ООН) и Всемирный экономический форум (ВЭФ), стали центральными игроками в формировании глобальной политики в области климата. На первый взгляд, эти организации представляют себя как нейтральные субъекты, работающие над устранением неотложной угрозы изменения климата. Однако влияние этих институтов на политику в области климата гораздо сложнее и во многих случаях противоречиво.

Межправительственная группа экспертов ООН по изменению климата (МГЭИК) играет важнейшую роль в распространении исследований изменения климата. Как орган, отвечающий за оценку науки об изменении климата и руководство международными переговорами, МГЭИК имеет огромную власть в формировании глобального повествования. Однако важно признать, что отчеты МГЭИК часто отражают политические повестки дня стран-членов, которые финансируют и поддерживают организацию. Хотя МГЭИК позиционирует себя как научный орган, ее рекомендации часто отражают интересы могущественных правительств и международных коалиций.

Инициативы ООН в области политики климата, такие как Парижское соглашение, были объявлены важными шагами на пути к глобальным действиям по борьбе с изменением климата. Парижское соглашение направлено на ограничение глобального повышения температуры до уровня ниже 2°C сверх доиндустриального уровня с целью достижения нулевых выбросов к середине столетия. Хотя соглашение было воспринято как амбициозный и необходимый шаг, его реализация была охвачена скептицизмом. Критики утверждают, что соглашение больше касается политического позирования, чем значимых изменений. Многие страны, подписавшие соглашение, не смогли достичь своих целевых показателей выбросов, и существует мало полномочий по обеспечению их соблюдения, чтобы призвать их к ответственности.

Всемирный экономический форум (ВЭФ), неправительственная организация, базирующаяся в Швейцарии, играет схожую влиятельную роль в формировании политики в области климата, особенно посредством своих ежегодных встреч в Давосе. ВЭФ объединяет мировых лидеров, руководителей предприятий и влиятельных мыслителей для обсуждения глобальных проблем, включая изменение климата. Но за публичной риторикой о «спасении планеты» ВЭФ обвиняют в использовании кризиса, связанного с изменением климата, для продвижения интересов мировых элит.

Участие ВЭФ в политике изменения климата было обусловлено убеждением, что решение проблемы глобального потепления требует смены экономических парадигм, которая включает новые формы управления, инвестиций и корпоративного участия. Некоторые из инициатив, поддерживаемых ВЭФ, такие как продвижение «зеленого нового курса» или продвижение устойчивости в бизнесе, имеют потенциал для изменения глобальных экономических структур. Но здесь возникает беспокойство, что решения, предлагаемые такими организациями, как ВЭФ, часто служат интересам самых богатых людей и корпораций, оставляя рядового гражданина с небольшим результатом.

Во многих отношениях ООН и ВЭФ стали ключевыми игроками в продвижении повестки дня по изменению климата, которая не только меняет мировую экономику, но и переопределяет роль правительства, корпораций и отдельных лиц в этом процессе. Пересечение политики в области климата и глобальной экономической мощи гораздо более тесно переплетено, чем кажется на первый взгляд, с мощными институтами, направляющими повествование к результатам, которые приносят пользу определенным группам.

Корпоративные интересы, извлекающие выгоду из повестки дня по борьбе с глобальным потеплением

Корпоративные интересы всегда были тесно переплетены с политическими решениями, но движение за изменение климата создало для корпораций новый и прибыльный путь для реализации своих планов. Крупные корпорации, особенно в секторах возобновляемой энергии, технологий и финансов, могут получить большую выгоду от политики, направленной на борьбу с изменением климата. Однако беспокойство заключается в том, что эти корпоративные интересы часто продвигают политику в области климата не из-за заботы об окружающей среде, а ради собственной экономической выгоды.

Например, компании, работающие в сфере возобновляемой энергии, увидели огромный рост прибыли, поскольку правительства по всему миру вкладывали деньги в проекты в области зеленой энергетики. Компании, работающие в сфере солнечной, ветровой и аккумуляторной энергетики, были среди крупнейших бенефициаров государственных субсидий и налоговых льгот, направленных на продвижение устойчивой энергетики. Хотя возобновляемая энергия, несомненно, является важной частью решения проблемы сокращения выбросов углерода, огромные прибыли, которые некоторые компании получают от этих субсидий, заставляют задуматься о мотивах климатической политики.

В то же время крупные многонациональные корпорации нашли новые способы извлечь выгоду из повестки дня по изменению климата посредством торговли квотами на выбросы углерода и экологического маркетинга. Многие компании теперь позиционируют себя как экологически сознательные, рекламируя свои зеленые полномочия, одновременно занимаясь деятельностью, которая все еще может иметь негативное воздействие на окружающую среду. Распространение «зеленого пиара» позволило корпорациям извлекать выгоду из повествования об изменении климата без внесения существенных изменений в свою практику. Представляя себя как экологически ответственные, эти компании извлекают выгоду из растущего потребительского спроса на устойчивость, при этом сохраняя свои существующие бизнес-модели.

Рост изменения климата как политической и экономической проблемы также породил новый класс климатических консультантов, лоббистов и сторонников политики. Эти люди и фирмы получают прибыль, помогая корпорациям ориентироваться в сложной сети климатических норм, гарантируя, что они соблюдают законы об охране окружающей среды, продолжая получать прибыль. Эти субъекты — часто обладающие значительной финансовой и политической властью — работают над формированием политики, которая приносит пользу их корпоративным клиентам, иногда за счет более значимых действий по борьбе с изменением климата.

Анализ того, как изменение климата используется в качестве инструмента политического контроля

Одним из самых коварных аспектов движения за изменение климата является его потенциальное использование в качестве инструмента политического контроля. Представляя изменение климата как экзистенциальную угрозу, политики и организации могут создать ощущение срочности, оправдывающее реализацию широкомасштабной политики, ограничивающей индивидуальные свободы и централизующей власть в руках правительств и корпораций.

Настойчивое стремление к таким нормам, как налоги на выбросы углерода, мандаты на возобновляемую энергию и углеродные кредиты, может привести к значительным сдвигам в мировой экономике, создавая новые отрасли и подавляя старые. Например, стремление к переходу от ископаемого топлива к возобновляемым источникам энергии может кардинально изменить мировые рынки, благоприятствуя компаниям, которые могут получить прибыль от зеленого перехода. Те, кто контролирует сектор возобновляемой энергии, могут оказывать значительное влияние на целые страны, определяя, какие отрасли будут процветать, а какие — терпеть неудачу.

Более того, изменение климата стало способом централизации власти и расширения правительственной власти. Поскольку правительства по всему миру продвигают меры по борьбе с изменением климата, они часто стремятся к большему контролю над отраслями, производством энергии и даже поведением отдельных лиц. Например, введение налогов на выбросы углерода или углеродных кредитов требует обширного бюрократического надзора для отслеживания выбросов и обеспечения соблюдения. Это дает правительствам уровень власти над экономикой и частными лицами, который редко встречается в других областях политики.

Также растет тенденция международных договоров и соглашений, которые требуют от стран придерживаться глобальных климатических стандартов, подрывая национальный суверенитет. Например, Парижское соглашение обязывает страны соблюдать целевые показатели выбросов, что, по мнению критиков, может ограничить способность страны принимать независимые решения о своем энергетическом будущем. Представляя изменение климата как глобальный кризис, международные организации и правительства могут оправдать введение глобальных правил, которые подрывают местную автономию.

Изменение климата, если его использовать в качестве инструмента политического контроля, может изменить наш образ жизни и управления. Используя нарратив о надвигающейся климатической катастрофе, правительства могут оправдать эрозию индивидуальных прав и свобод во имя защиты окружающей среды. Таким образом, вопрос заключается не только в науке об изменении климата, но и в динамике власти, которая возникает в результате этого.

Глава 2: Понимание науки – что мы знаем и чего не знаем

Основы глобального потепления и парниковых газов

Что такое парниковые газы и их роль в климатической системе Земли

По своей сути, идея глобального потепления вращается вокруг роли парниковых газов (ПГ) в климатической системе Земли. Парниковые газы — это определенные газы, которые удерживают тепло в атмосфере Земли, способствуя потеплению нашей планеты. Наиболее распространенные парниковые газы — углекислый газ (CO_2), метан (CH_4), закись азота (N_2O) и водяной пар — необходимы для жизни, какой мы ее знаем, поскольку они поддерживают нашу планету достаточно теплой для поддержания жизни. Без этих газов Земля была бы негостеприимной, замерзшей планетой.

Парниковый эффект сам по себе является естественным процессом, который происходит уже миллионы лет. Он работает следующим образом: энергия от солнца достигает Земли, и большая ее часть отражается обратно в космос. Остальная энергия поглощается поверхностью Земли, а затем излучается обратно в атмосферу в виде тепла. Часть этого тепла уходит напрямую в космос, но парниковые газы поглощают и повторно излучают это тепло, удерживая его в атмосфере, которая поддерживает температуру Земли. В некотором смысле эти газы действуют как одеяло, которое удерживает тепло вокруг нашей планеты.

Без этого естественного парникового эффекта средняя температура Земли была бы около -18°C (0°F) вместо 15°C (59°F), которые мы испытываем сегодня, что благоприятствует жизни. Однако, когда эти газы выделяются в избыточных количествах из-за деятельности человека, они удерживают больше тепла, чем необходимо, заставляя планету нагреваться ускоренными темпами. Вот в чем проблема — повышенная концентрация парниковых газов в атмосфере способствует быстрому повышению глобальной температуры, часто называемой глобальным потеплением.

Дискуссия о естественном и антропогенном факторах: является ли деятельность человека основным фактором?

Нет сомнений в том, что парниковые газы играют естественную роль в регулировании температуры Земли, но критический спор в климатологии заключается в том, является ли деятельность человека основной причиной недавнего и резкого повышения этих газов. Сторонники антропогенного (вызванного человеком) глобального потепления утверждают, что деятельность человека, в частности сжигание ископаемого топлива, вырубка лесов и промышленное сельское хозяйство, значительно увеличили концентрацию парниковых газов, что привело к повышению глобальной температуры.

Теория о том, что деятельность человека вызывает изменение климата, основана на десятилетиях исследований и данных. Исторически климат Земли прошел через естественные циклы потепления и похолодания, но скорость потепления, наблюдаемая в последние десятилетия, намного превосходит то, что можно было бы ожидать только от естественных циклов. Межправительственная группа экспертов по изменению климата (МГЭИК) и различные научные организации по всему миру представили неопровержимые доказательства того, что концентрация CO2 в атмосфере увеличилась более чем на 40% с доиндустриальной эпохи, в основном из-за деятельности человека. Сжигание угля, нефти и природного газа для получения энергии, наряду с изменениями в землепользовании и сельскохозяйственных практиках, резко увеличило концентрацию парниковых газов в атмосфере, создав «парниковый эффект», который является более интенсивным, чем когда-либо прежде.

Некоторые, однако, утверждают, что этот вывод слишком упрощен и что изменение климата является частью естественных циклов, вызванных такими факторами, как солнечная радиация, вулканическая активность или океанические течения. Эти факторы действительно способствовали изменению климата на протяжении всей истории Земли, но подавляющее большинство в научном сообществе сходится во мнении, что недавний всплеск глобальной температуры в первую очередь вызван деятельностью человека, а не естественными причинами.

Например, данные об уровнях углекислого газа и метана в ледяных кернах показывают, что эти газы колебались в прошлом, но нынешние уровни CO2 беспрецедентны за последние 800 000 лет. Ученые также указали на отчетливый «отпечаток» влияния человека на глобальное потепление — например, выбросы удерживающих тепло газов при сжигании ископаемого топлива — которые отличаются от естественных климатических факторов. Таким образом, среди климатологов больше нет серьезных дебатов о том, что деятельность человека является доминирующей причиной потепления, которое мы переживаем сегодня.

Как работает углеродный цикл и его значение для понимания изменения климата

Чтобы понять сложность изменения климата, необходимо понять углеродный цикл — естественный процесс, посредством которого происходит обмен углеродом между атмосферой Земли, океанами, почвой и живыми организмами. Углеродный цикл имеет основополагающее значение для понимания того, как поглощается и выделяется CO2, и как это влияет на наш климат.

Углеродный цикл работает в несколько простых этапов. Сначала углекислый газ поглощается растениями во время фотосинтеза, где он используется для построения растительных тканей. Затем эти растения потребляются животными, передавая углерод в свои тела. Когда растения и животные умирают, углерод либо разлагается микроорганизмами, либо сохраняется в почве в виде органического вещества. В некоторых случаях углерод задерживается под землей, в конечном итоге образуя ископаемое топливо, такое как уголь, нефть и природный газ. Когда это ископаемое топливо сжигается, сохраненный углерод выбрасывается обратно в атмосферу в виде CO2, завершая цикл.

В сбалансированном углеродном цикле углерод естественным образом перемещается между различными резервуарами — атмосферой, сушей и океанами — без существенных нарушений. Однако деятельность человека, в частности сжигание ископаемого топлива, добавила огромное количество CO2 в атмосферу. Этот избыток CO2 нарушил равновесие углеродного цикла. Он усилил парниковый эффект и привел к потеплению климата Земли. Углеродный цикл — это не просто научное любопытство; он напрямую связан с тем, сколько CO2 остается в атмосфере и как быстро он может быть поглощен естественными процессами.

Океаны играют решающую роль в углеродном цикле, поглощая около четверти CO_2, который мы выбрасываем. Однако способность океанов поглощать CO_2 не безгранична. По мере того, как океаны нагреваются, их способность поглощать углерод снижается, создавая обратную связь, которая ускоряет потепление. Это взаимодействие между атмосферой, океанами и сушей делает изменение климата таким сложным. Углеродный цикл — это хрупкое равновесие, которое с беспрецедентной скоростью нарушается деятельностью человека, и понимание его механизмов является ключом к решению климатического кризиса.

Реальное воздействие промышленных выбросов и сельскохозяйственной практики на окружающую среду

В то время как наука о глобальном потеплении основана на базовых принципах физики и углеродном цикле, реальные последствия промышленных выбросов и сельскохозяйственной практики — вот где все становится сложнее. Эти виды деятельности напрямую ответственны за увеличение выбросов парниковых газов, и их экологические последствия глубоки.

Промышленные выбросы, возможно, являются наиболее значительным фактором накопления парниковых газов в атмосфере. Сжигание ископаемого топлива на электростанциях, заводах и транспортных средствах высвобождает огромное количество углекислого газа и других загрязняющих веществ. Промышленная революция, начавшаяся в 18 веке, ознаменовала начало массового увеличения сжигания ископаемого топлива. С тех пор рост таких отраслей, как транспорт, производство и генерация энергии, привел к экспоненциальному выбросу CO_2 в атмосферу.

Но проблема не только в углекислом газе. Промышленные процессы также выбрасывают другие парниковые газы, такие как метан (CH_4) и закись азота (N_2O), которые имеют гораздо больший потенциал потепления, чем CO_2, хотя они присутствуют в меньших количествах. Метан, в частности, выбрасывается при добыче природного газа, на свалках и в животноводстве. Хотя метан ответственен только за около 16% мировых выбросов парниковых газов, его воздействие непропорционально велико, поскольку он гораздо эффективнее удерживает тепло в атмосфере, чем CO2.

Сельскохозяйственные методы способствуют изменению климата несколькими способами: от вырубки лесов до использования синтетических удобрений. Вырубка лесов, вызванная потребностью в сельскохозяйственных землях, особенно в тропических регионах, высвобождает огромное количество углерода, хранящегося в деревьях. Поскольку леса вырубаются для ведения сельского хозяйства, углерод, который когда-то хранился в деревьях, выбрасывается в атмосферу. Это ключевой фактор вырубки лесов и основной фактор роста глобальных уровней CO2.

Кроме того, сельскохозяйственные методы, такие как выращивание риса и животноводство, выделяют метан, мощный парниковый газ. Выращивание рисовых полей производит метан в результате разложения органического вещества на затопленных полях. Домашний скот, особенно крупный рогатый скот, выделяет метан в ходе своего пищеварительного процесса, внося значительный вклад в сельскохозяйственные выбросы. Широкое использование азотных удобрений также приводит к выбросу закиси азота, еще одного мощного парникового газа, который имеет гораздо более высокий потенциал потепления, чем CO2.

Интенсификация сельского хозяйства для удовлетворения потребностей растущего населения мира только усугубила эти экологические последствия. По мере увеличения спроса на продовольствие увеличивается и давление на землю, что приводит к еще большей вырубке лесов, большему выбросу метана в сельском хозяйстве и более широкому использованию удобрений. Масштаб промышленных и сельскохозяйственных выбросов ошеломляет, и очевидно, что эти секторы играют центральную роль в дебатах об изменении климата.

Также важно признать, что эти действия не просто способствуют глобальному потеплению — они также наносят вред экосистемам и биоразнообразию. Уничтожение лесов, деградация почвы, загрязнение воздуха и воды оказывают каскадное воздействие на окружающую среду, часто с разрушительными последствиями для дикой природы. Связи между промышленными выбросами, сельским хозяйством и разрушением окружающей среды — это не просто научные вопросы — это общественные проблемы, которые влияют на здоровье и благополучие людей во всем мире.

Дебаты об изменении климата нельзя отделить от реальных последствий промышленных выбросов и сельскохозяйственной практики. Обсуждая науку о глобальном потеплении, мы должны признать роль, которую эти секторы играют в развитии кризиса. Понимание того, как эти отрасли влияют на климат, имеет решающее значение для поиска решений, которые выходят за рамки простого сокращения выбросов и начинают устранять коренные причины ухудшения состояния окружающей среды.

Климатические модели и их неопределенности

Как строятся климатические модели и их ограничения

Климатические модели являются важными инструментами для понимания того, как климат Земли будет реагировать на различные факторы, от выбросов парниковых газов до изменений солнечной радиации. Эти модели, которые построены с использованием сложных математических уравнений, направлены на имитацию физических процессов, которые управляют климатической системой, таких как взаимодействие атмосферы с океанами, сушей и льдом. По сути, они являются способом для ученых попытаться предсказать будущие климатические условия на основе прошлых и настоящих данных.

Чтобы построить климатическую модель, ученые вводят данные о текущих климатических условиях, таких как уровень CO2 в атмосфере, температура, морской ледяной покров и другие критические переменные, в уравнения, которые представляют известные физические законы. Оттуда эти модели используют численные методы для моделирования того, как климат может меняться с течением времени при различных сценариях. Выходные данные этих моделей помогают исследователям понять потенциальное воздействие различных уровней выбросов парниковых газов, изменений в землепользовании и других переменных на глобальные температуры, уровни моря и погодные условия.

Однако климатические модели имеют существенные ограничения. Эти ограничения часто коренятся в присущей самой климатической системе сложности. На климат влияют многочисленные переменные, многие из которых до сих пор не полностью изучены. Например, то, как океаны реагируют на повышение температуры, как образуются облака или как разыгрываются определенные циклы обратной связи (например, таяние полярных льдов и его влияние на поглощение тепла), — это процессы, которые трудно точно смоделировать. В результате даже самые сложные модели могут предоставлять только оценки, а не точные прогнозы.

Одной из самых существенных проблем, с которой сталкиваются климатические модели, является присущая им неопределенность в прогнозировании поведения человека. Климатические модели в значительной степени опираются на будущие сценарии выбросов парниковых газов, на которые влияют политические решения, технологические достижения и сдвиги в глобальной экономической деятельности. Поскольку невозможно с абсолютной точностью предсказать, как будут развиваться эти факторы, климатические модели могут предоставить только ряд возможных результатов, а не одно определенное будущее.

Роль компьютерного моделирования в прогнозировании будущего климата

Компьютерное моделирование играет решающую роль в климатологии. Это моделирование основано на климатических моделях, которые по сути являются программами, которые выполняют сложные вычисления для моделирования того, как будет развиваться климат Земли. Компьютеры незаменимы из-за огромного количества данных, необходимых для моделирования такой огромной и взаимосвязанной системы, как климат Земли. Невозможно рассчитать эти взаимодействия вручную, поэтому высокопроизводительные вычисления позволяют моделировать климатические условия в течение длительных периодов времени — от десятилетий до столетий.

Одним из ключевых преимуществ использования компьютерного моделирования является то, что оно позволяет ученым тестировать различные климатические сценарии. Например, они могут моделировать, как изменится температура Земли, если люди немедленно прекратят сжигать ископаемое топливо или если выбросы продолжат расти с текущей скоростью. Эта возможность тестировать несколько сценариев дает политикам и исследователям инструмент для понимания потенциальных результатов их решений.

Однако эти модели хороши лишь настолько, насколько хороши данные и предположения, которые в них заложены. Хотя математические уравнения, используемые в моделях, основаны на установленных физических принципах, данные часто неполны, а предположения о будущей деятельности человека могут быть весьма спекулятивными. Даже лучшие климатические модели имеют ограничения в прогнозировании точного времени, местоположения и интенсивности определенных климатических событий. Моделирование может предсказать, что Земля потеплеет на 2 градуса по Цельсию в течение следующего столетия, но оно не может точно сказать, как будет распределено это потепление — будут ли некоторые регионы испытывать значительно большее потепление, чем другие, или будут ли определенные экстремальные события происходить с большей частотой.

Более того, по мере совершенствования технологий совершенствуются и модели, но все еще существует значительный разрыв между тем, что мы можем предсказать в краткосрочной перспективе, и тем, что возможно для долгосрочных прогнозов. Хотя компьютерное моделирование полезно для демонстрации общих тенденций, оно часто не может предоставить конкретные, локализованные прогнозы о таких вещах, как погодные условия, засухи или штормы.

Почему климатические модели часто не могут предсказать краткосрочную изменчивость

Одной из основных проблем в климатологии является различение краткосрочной изменчивости климата и долгосрочных климатических тенденций. Климат определяется как долгосрочное среднее значение погодных условий за период десятилетий или столетий, в то время как погода относится к краткосрочным атмосферным условиям. Краткосрочная изменчивость может быть вызвана множеством факторов, включая извержения вулканов, явления Эль-Ниньо и Ла-Нинья, а также естественные циклы, такие как солнечная изменчивость. Эти колебания трудно предсказать с помощью климатических моделей, в основном потому, что они включают в себя хаотичные и непредсказуемые процессы.

Например, одной из самых сложных задач в моделировании климата является точное предсказание циклов Эль-Ниньо/Ла-Нинья, которые характеризуются колебаниями температуры в Тихом океане. Эти циклы могут оказывать широкомасштабное воздействие на глобальные погодные условия, включая влияние на количество осадков, засухи и частоту экстремальных погодных явлений. Хотя мы знаем, что эти циклы происходят естественным образом и могут вызывать краткосрочные изменения глобальной температуры, модели с трудом учитывают их точное время и влияние на более широкую климатическую систему.

Климатические модели также сталкиваются с трудностями, когда дело доходит до понимания влияния аэрозолей — крошечных частиц в атмосфере, которые могут оказывать охлаждающее действие. Аэрозоли часто производятся в результате деятельности человека, например, сжигания ископаемого топлива или извержений вулканов, но их трудно точно моделировать, поскольку их воздействие на климат зависит от множества факторов. Хотя аэрозоли могут временно маскировать некоторые из эффектов потепления, вызванных парниковыми газами, их точное воздействие крайне неопределенно. Вот почему климатические модели часто не могут точно предсказать краткосрочные колебания температуры, особенно когда есть значительное влияние аэрозолей или других краткосрочных факторов, которые трудно предвидеть.

В некоторых случаях неспособность климатических моделей предсказать краткосрочную изменчивость использовалась скептиками изменения климата, чтобы поставить под сомнение обоснованность долгосрочных прогнозов. Если модели не могут точно предсказать, что произойдет в течение следующих нескольких лет, как мы можем доверять их прогнозам на следующее столетие? Хотя это обоснованный вопрос, важно понимать, что прогнозирование краткосрочной изменчивости не то же самое, что прогнозирование долгосрочных тенденций. Климатические модели предназначены для обеспечения широкого понимания того, как климат будет реагировать в течение длительных периодов, даже если они не могут точно предсказать ежедневные или годовые изменения.

Непредсказуемость долгосрочных тенденций глобальной температуры

Хотя климатические модели эффективны в отображении общих тенденций за длительные периоды времени, точное предсказание долгосрочных глобальных температурных тенденций остается серьезной проблемой. Для этого есть несколько причин, и сложность климатической системы Земли лежит в основе проблемы.

Во-первых, на климат влияет огромное количество факторов, многие из которых до сих пор плохо изучены или их трудно количественно оценить. Взаимодействия между атмосферой, океанами, поверхностью суши и льдом чрезвычайно сложны, и небольшие изменения в одной части системы могут иметь каскадные эффекты по всей системе. Даже небольшие изменения в солнечной радиации, вулканической активности или распределении ледяного покрова могут влиять на глобальные температуры в течение длительных периодов времени.

Кроме того, циклы обратной связи играют важную роль в формировании долгосрочных температурных тенденций. Например, когда поверхность Земли нагревается, это приводит к таянию ледяных щитов, что снижает альбедо планеты (отражательную способность), в результате чего больше тепла поглощается Землей, а не отражается обратно в космос. Этот цикл обратной связи ускоряет потепление, но его чрезвычайно сложно точно смоделировать. Аналогичным образом, выброс парниковых газов из вечной мерзлоты или океанов по мере их нагревания может еще больше усилить изменение климата, но точные сроки и масштабы этих обратных связей пока не полностью изучены.

Другая проблема — сложность прогнозирования будущего поведения человека. Климатические модели в значительной степени зависят от предположений о будущих выбросах, росте населения, технологических инновациях и экономическом развитии. Хотя общая тенденция увеличения выбросов кажется ясной, конкретный путь, по которому пойдет человечество в ближайшие десятилетия, далек от определенности. Технологические прорывы в области возобновляемой энергии или разработка новых методов улавливания углерода могут радикально сократить выбросы, в то время как политическая и экономическая нестабильность может помешать прогрессу. Эти неопределенности делают невозможным прогнозирование глобальных температурных тенденций с полной точностью.

Несмотря на эти проблемы, важно признать, что климатические модели по-прежнему являются бесценными инструментами. Хотя они не могут давать точных краткосрочных прогнозов или окончательных прогнозов на будущее, они предлагают критически важные идеи об общих закономерностях и потенциальных результатах изменения климата. Они помогают нам понять общее направление, в котором движется климат, и потенциальные последствия различных политических решений. Но, как и все модели, они несут в себе неотъемлемую неопределенность — неопределенность, которую следует признать и понять в контексте более широкого обсуждения изменения климата.

Роль Солнца и естественная изменчивость климата

Влияние солнечной радиации на климатические условия Земли

Когда мы смотрим на климат Земли, одним из важнейших факторов, который его определяет, является Солнце. Солнце обеспечивает энергию, которая нагревает поверхность Земли, управляет атмосферной циркуляцией и в конечном итоге влияет на климатические модели во всем мире. Без солнечной радиации наша планета была бы замерзшей, безжизненной скалой. Энергия, получаемая от Солнца, является основным источником тепла для нашей атмосферы, океанов и поверхности суши. Это делает солнечное излучение важнейшим компонентом климатической системы Земли.

Однако солнечная радиация не постоянна. Она колеблется в разных временных масштабах, от суточных циклов до более длительных, многодесятилетних циклов. Эти колебания могут влиять на климат Земли, хотя не всегда ясно, в какой степени. Например, Солнце проходит через 11-летний солнечный цикл, в течение которого его активность то растет, то падает. Этот цикл влияет на количество солнечных пятен, солнечных вспышек и солнечного ветра. Когда Солнце более активно, оно испускает больше радиации, что может немного повысить глобальные температуры. И наоборот, когда Солнце менее активно, как это было в периоды вроде «Малого ледникового периода», Земля может испытывать охлаждение.

Некоторые ученые утверждают, что изменения солнечной радиации могут быть важным фактором в объяснении прошлых климатических изменений. Например, во время Средневекового теплого периода (около 1000 лет назад) Земля была теплее, и многие связывают это тепло с более высокой солнечной активностью. С другой стороны, во время Малого ледникового периода (примерно с 1300 по 1850 год) солнечная активность была ниже, и на Земле наблюдались более низкие температуры, особенно в Северном полушарии. Эти примеры показывают, что, хотя деятельность человека, безусловно, увеличила выбросы парниковых газов, Солнце по-прежнему играет ключевую роль в формировании климата Земли.

Однако количество солнечной энергии, достигающей Земли, относительно стабильно с течением времени. Увеличение или уменьшение солнечной радиации из-за 11-летнего цикла невелико по сравнению с изменениями температуры, которые мы наблюдали за последнее столетие. Фактически, рост глобальной температуры, наблюдаемый с середины 20-го века, намного превосходит то, что можно было бы ожидать от изменений только солнечной радиации. Это говорит о том, что, хотя солнечная изменчивость действительно влияет на климат, доминирующим фактором недавнего глобального потепления является деятельность человека, в частности выбросы парниковых газов.

Естественные циклы, такие как Эль-Ниньо и Ла-Нинья, и их влияние на глобальные температуры

Другим критическим фактором в понимании изменчивости климата являются естественные циклы, которые влияют на глобальные температуры в коротких временных масштабах. Два наиболее значимых из них — Эль-Ниньо и Ла-Нинья. Это фазы Эль-Ниньо-Южного колебания (ENSO), естественного климатического явления, которое берет начало в тропической части Тихого океана и влияет на погодные условия по всему миру.

Эль-Ниньо — это фаза ЭНЮК, которая происходит, когда воды в центральной и восточной части Тихого океана нагреваются, нарушая типичные погодные условия. Это потепление приводит к изменениям атмосферного давления, океанских течений и ветровых режимов, вызывая сдвиги в глобальной погоде. События Эль-Ниньо часто связаны с более высокими глобальными температурами, поскольку потепление поверхности океана высвобождает тепло в атмосферу. Во время Эль-Ниньо страны Тихоокеанского региона, включая западное побережье Америки, часто испытывают более теплые и сухие условия, в то время как другие регионы, такие как Юго-Восточная Азия и Австралия, могут испытывать более влажные, чем обычно, условия.

Напротив, Ла-Нинья является противоположной фазой ЭНЮК, отмеченной более низкой, чем в среднем, температурой морской поверхности в центральной и восточной части Тихого океана. Ла-Нинья имеет тенденцию оказывать противоположный эффект Эль-Ниньо, охлаждая глобальные температуры и приводя к погодным условиям, которые включают более влажные условия в западной части Тихого океана и более сухие условия в некоторых частях Америки. Хотя и Эль-Ниньо, и Ла-Нинья могут вызывать значительные климатические аномалии, они, как правило, оказывают лишь краткосрочное воздействие на глобальные температуры.

Однако эти события могут влиять на долгосрочные климатические тенденции тонкими способами. Например, когда событие Эль-Ниньо совпадает с общей тенденцией потепления из-за антропогенного изменения климата, оно может временно повысить глобальную температуру, создавая видимость того, что Земля нагревается даже быстрее, чем ожидалось. И наоборот, Ла-Нинья может временно понизить глобальную температуру, маскируя продолжающиеся эффекты глобального потепления. Вот почему важно понимать, что краткосрочные колебания температуры, вызванные циклами ЭНЮК, не обязательно отражают долгосрочную тенденцию антропогенного изменения климата.

События Эль-Ниньо и Ла-Нинья также служат напоминанием о сложности климатической системы. Взаимодействия между океанами, атмосферой и поверхностью суши сложны и часто трудно предсказуемы. Хотя мы добились значительных успехов в понимании этих циклов, они по-прежнему добавляют элемент непредсказуемости в климатическую систему, что затрудняет прогнозирование краткосрочных температурных тенденций с полной точностью.

Как вулканическая активность и океанские течения влияют на климат

Вулканическая активность — еще один естественный фактор, который может влиять на климат Земли. Хотя извержения вулканов случаются нечасто, их последствия могут быть драматичными и далеко идущими. Когда извергается большой вулкан, он может выбрасывать в атмосферу огромное количество пепла, диоксида серы и других аэрозолей. Эти частицы могут блокировать солнечный свет, что приводит к охлаждающему эффекту на поверхности Земли. Это явление известно как «вулканическая зима». Охлаждающий эффект от крупных извержений может длиться несколько лет, в зависимости от размера извержения и количества материала, выброшенного в атмосферу.

Например, извержение вулкана Пинатубо в 1991 году вызвало временное глобальное падение температуры примерно на 0,5°C, и ученые смогли наблюдать охлаждающие эффекты в последующие годы. Хотя извержения вулканов не являются основной причиной долгосрочного изменения климата, они оказывают краткосрочный охлаждающий эффект, который может временно компенсировать потепление, вызванное деятельностью человека.

Аналогично, океанические течения играют важную роль в регулировании климата Земли. Океаны поглощают большое количество тепла от Солнца и действуют как огромный резервуар тепла, который может влиять на глобальные температуры. Движение океанических течений, обусловленное ветровыми режимами, вращением Земли и разницей в температуре и солености воды, играет центральную роль в распределении тепла по планете.

Одним из важнейших океанических течений в этом контексте является Атлантическая меридиональная опрокидывающая циркуляция (AMOC), которая помогает переносить теплую воду из тропиков в Северную Атлантику, способствуя потеплению Западной Европы. Изменения силы или направления океанических течений могут влиять на глобальные температуры. Например, замедление AMOC может привести к более низким температурам в Северной Атлантике и может иметь более широкие последствия для глобальных климатических моделей. Однако такие изменения, как правило, происходят в течение длительных периодов, часто охватывающих десятилетия или столетия, что затрудняет прогнозирование их точного времени и воздействия.

Дебаты о чувствительности климата к CO2 по сравнению с природными факторами

Один из ключевых споров в климатологии вращается вокруг относительного вклада человеческой деятельности и природных факторов в наблюдаемое изменение климата. В частности, ученые долгое время спорили о том, насколько чувствителен климат Земли к изменениям в атмосферном углекислом газе (CO_2) и является ли CO_2 основным фактором недавнего потепления или же более значимую роль играют естественные факторы, такие как солнечная радиация или вулканическая активность.

Чувствительность климата относится к тому, насколько повысится температура Земли в ответ на удвоение атмосферного CO_2. Большинство климатологов сходятся во мнении, что CO_2 является существенным фактором глобального потепления, но оценки чувствительности климата различаются. Некоторые ученые утверждают, что климат Земли очень чувствителен к CO_2, предсказывая, что удвоение CO_2 может привести к повышению температуры на 3°C или более. Другие предполагают, что климат менее чувствителен, с более скромной реакцией на потепление.

Проблема оценки чувствительности климата заключается в сложных взаимодействиях между парниковыми газами, облачным покровом, водяным паром и другими климатическими переменными. Хотя CO_2 является общепризнанным парниковым газом, который удерживает тепло в атмосфере, его воздействие усиливается положительными обратными связями. Например, когда атмосфера нагревается из-за увеличения CO_2, это приводит к повышению уровня водяного пара, что еще больше усиливает парниковый эффект. Кроме того, по мере таяния полярных льдов снижается отражательная способность Земли, что приводит к большему поглощению тепла планетой.

С другой стороны, некоторые утверждают, что естественные факторы все еще могут играть значительную роль в изменчивости климата. Солнечная радиация, океанические течения, вулканическая активность и естественные климатические циклы, такие как ENSO, влияют на климат и могут способствовать краткосрочным колебаниям температуры. Крайне важно признать, что хотя CO_2 является ключевым фактором долгосрочного потепления, естественные факторы все еще могут влиять на климат в более коротких временных масштабах.

Продолжающиеся дебаты о чувствительности климата подчеркивают сложность климатической системы и проблемы, с которыми сталкиваются ученые при составлении точных прогнозов. Хотя общая тенденция глобального потепления из-за деятельности человека ясна, естественные факторы продолжают играть роль в формировании климата Земли, и понимание этих взаимодействий необходимо для разработки точных климатических моделей и прогнозов. Правда в том, что климатология — это область, по-прежнему полная неопределенностей, но только посредством постоянных исследований и открытых дискуссий мы начнем разгадывать сложности климатической системы нашей планеты.

Глава 3: Разоблачение манипуляций: правда, стоящая за данными

История манипулирования температурными данными

История климатологии во многом формировалась на основе данных, которые мы используем для измерения температуры Земли. Температурные записи, которые собирались и анализировались десятилетиями, являются основой, на которой покоится повествование о глобальном потеплении. Но по мере того, как мы глубже погружаемся в историю этих записей, становится очевидным, что температурные данные в некоторых случаях были сфальсифицированы, скорректированы и выборочно интерпретированы способами, которые соответствовали определенной повестке дня. Это поднимает серьезные вопросы о точности и целостности данных, которые использовались для управления климатической политикой и общественным мнением.

Анализ температурных данных: были ли температуры искусственно скорректированы?

Один из самых важных вопросов, когда дело доходит до температурных данных, заключается в том, были ли данные сфальсифицированы, чтобы показать более тревожную тенденцию потепления, чем есть на самом деле. Сам температурный рекорд не так прост, как просто просмотр показаний термометров с метеостанций по всему миру. Фактически, большая часть температурных данных, на которые мы полагаемся сегодня, была «скорректирована» с учетом различных факторов — от изменений в местоположении станции до эффекта городского острова тепла и методов измерения. Эти корректировки вносятся учеными с целью повышения точности, но они также открывают дверь для возможности смещения.

Корректировки исторических данных о температуре часто заставляют прошлое казаться холоднее, чем оно было на самом деле, делая недавнюю тенденцию к потеплению более выраженной. Например, некоторые из более ранних температурных записей, особенно тех, что относятся к 19 и началу 20 веков, были «скорректированы» в сторону понижения на основе предположений о качестве сбора данных в то время. Эти корректировки в сторону понижения часто стирают колебания температуры, которые могли бы быть естественными, и объясняют часть исторической изменчивости климата.

Критики утверждают, что эти корректировки, хотя и были сделаны с намерением улучшить качество данных, исказили исторические записи таким образом, что преувеличили недавнюю тенденцию к потеплению. Они предполагают, что корректировки данных о температуре начала 20-го века основаны не на твердых доказательствах, а на теоретических моделях, которые могут не полностью отражать фактические климатические условия того времени.

Например, график «глобальной аномалии средней температуры», показывающий разницу в температуре по сравнению с базовым периодом, корректировался несколько раз. Некоторые корректировки изменили температуры начала 20-го века на 1°C или более, создавая впечатление, что потепление, которое мы испытываем с середины 20-го века, гораздо более существенно, чем могло бы быть, если бы данные остались нескорректированными.

Этот процесс привел к тому, что некоторые скептики изменения климата стали утверждать, что температурные данные были «манипулированы», чтобы соответствовать определенному повествованию об опасном глобальном потеплении. Независимо от того, намеренно или нет, эти корректировки поднимают важные вопросы о том, как мы интерпретируем климатические данные и какие предположения встроены в модели, лежащие в основе нашего понимания климатической системы.

Как исторические данные были изменены, чтобы соответствовать теории глобального потепления

Главный аргумент сторонников изменения климата заключается в том, что деятельность человека, в частности сжигание ископаемого топлива, вызвала беспрецедентный рост глобальной температуры. Основополагающие данные, которые поддерживают этот аргумент, в значительной степени опираются на температурные записи, показывающие четкую тенденцию к росту в последние десятилетия. Однако, если мы более внимательно рассмотрим историю этих данных, мы увидим, что они часто менялись способами, которые соответствуют повествованию о глобальном потеплении, вызванном деятельностью человека.

Яркий пример этого можно найти в том, как были изменены температурные записи середины 20-го века. Ранние температурные данные того периода показали значительную естественную изменчивость с некоторыми периодами похолодания. Однако эти более прохладные периоды были скорректированы в сторону понижения, чтобы последующее потепление выглядело более драматичным. Кроме того, температурные записи из областей с редкими метеостанциями, такими как полярные регионы, часто экстраполировались с использованием компьютерных моделей, что может внести дополнительную неопределенность.

Корректировки исторических данных о температуре часто представляются как часть процесса повышения точности климатических записей, но возникает вопрос: манипулируются ли данные таким образом, что они просто подтверждают ранее существовавшее убеждение, что глобальное потепление является результатом деятельности человека? Некоторые критики утверждают, что были предприняты согласованные усилия по стиранию или преуменьшению доказательств, которые противоречат общепринятому мнению о глобальном потеплении.

Более того, температурные записи, на которые мы полагаемся, — это не просто набор записей отдельных станций, а глобальный набор данных, объединяющий температуры с тысяч метеостанций. Эти наборы данных часто сглаживаются, интерполируются и корректируются способами, которые могут вносить ошибки или смещения. В некоторых случаях данные «склеиваются» из разных источников с разными методами измерения, что вызывает опасения относительно того, насколько точно записи отражают реальные тенденции температуры. Если температурные записи изменяются, чтобы соответствовать повествованию, результатом является искаженное представление реальности, которое может ввести в заблуждение политиков и общественность.

Роль графика «хоккейной клюшки» и его противоречия

Одним из самых спорных элементов дебатов об изменении климата является график «хоккейной клюшки», который показывает резкий скачок глобальной температуры в 20 веке после длительного периода относительно стабильных температур. График был популяризирован климатологом Майклом Манном в конце 1990-х годов, и он быстро стал одним из самых влиятельных визуальных представлений аргумента в пользу антропогенного глобального потепления.

График хоккейной клюшки показал резкий рост глобальной температуры в 20 веке, что говорит о том, что недавнее потепление было беспрецедентным за последние 1000 лет. График стал центральным доказательством утверждения о том, что деятельность человека является движущей силой изменения климата, особенно во время публикации в 2001 году доклада Межправительственной группы экспертов по изменению климата (МГЭИК), где он был представлен на видном месте.

Однако график хоккейной клюшки стал предметом пристального внимания и споров. Критики графика утверждают, что он преувеличивает степень недавнего потепления и преуменьшает естественную изменчивость климата, которая имела место до 20-го века. Некоторые ученые указали, что данные, использованные для построения графика, особенно данные годичных колец деревьев, ненадежны и могут быть легко подтасованы, чтобы показать желаемый результат.

На самом деле, график хоккейной клюшки был предметом обширного расследования Национальной академии наук, которая обнаружила, что, хотя методы Манна не обязательно были мошенническими, они были несовершенны в некоторых отношениях. Расследование вызвало сомнения в точности температурных реконструкций, особенно в течение Средневекового теплого периода и Малого ледникового периода, двух периодов, в которых, как считалось, температуры были теплее или холоднее, чем сегодня.

Несмотря на эти опасения, график хоккейной клюшки остается краеугольным камнем повествования об изменении климата, во многом потому, что он представляет собой простое, убедительное визуальное представление тенденции потепления, которую климатические активисты стремятся подчеркнуть. Это привело к тому, что некоторые критики обвинили сторонников глобального потепления в использовании графика в качестве инструмента для политических манипуляций, вместо того чтобы полагаться на более тонкую и точную интерпретацию данных.

Анализ случаев манипулирования данными в климатологии

Проблема манипулирования данными в климатологии не ограничивается несколькими изолированными инцидентами; было много скандалов и споров, которые вызвали обеспокоенность по поводу целостности данных и прозрачности научного процесса. Одним из самых известных случаев является скандал «Климатгейт», который разразился в 2009 году, когда электронные письма видных климатологов из Климатического исследовательского подразделения (CRU) Университета Восточной Англии стали достоянием общественности.

Письма показали, что климатологи обсуждали способы подавления или манипулирования данными, которые не соответствовали желаемому повествованию о глобальном потеплении. В одном из писем ученый упомянул об использовании «трюка», чтобы «скрыть снижение» глобальной температуры в конце 20-го века, ссылаясь на известное несоответствие между температурными записями и определенными данными годичных колец деревьев, которые показывали тенденцию к похолоданию в 1960-х и 1970-х годах. Этот «трюк» широко интерпретировался как попытка подавления данных, которые подорвали бы утверждение о беспрецедентном потеплении.

В ответ на скандал Climategate было проведено несколько расследований, в том числе одно Комитетом по науке и технологиям Палаты общин Великобритании. Хотя расследования не нашли никаких доказательств научной недобросовестности, они вызвали серьезную обеспокоенность относительно прозрачности данных, используемых для обоснования антропогенного глобального потепления. Споры вокруг Climategate показали, что климатологи не всегда следовали самым высоким стандартам научной честности и что доверие общественности к климатической науке было подорвано.

Другой пример манипулирования данными можно найти в «корректировке» температурных данных такими организациями, как NOAA и NASA. Критики этих организаций отмечают, что их корректировки исторических температурных записей часто заставляют прошлое казаться холоднее, чем оно было на самом деле, преувеличивая тенденцию к потеплению в последние десятилетия. Хотя эти корректировки часто оправдываются необходимостью учета изменений в методах измерения и местоположении станций, они могут оказать существенное влияние на общую температурную тенденцию и способствовать искаженному отображению климата.

Эти случаи подчеркивают потенциал для манипуляций в мире климатологии и поднимают важные вопросы о целостности данных, которые использовались для управления государственной политикой. Хотя климатология остается областью огромной важности, крайне важно, чтобы данные, на которых она основана, подвергались тщательной проверке, а научный процесс был прозрачным и открытым для критики. Если мы хотим принимать обоснованные решения о том, как бороться с изменением климата, мы должны сначала убедиться, что данные, на которые мы полагаемся, являются точными, честными и свободными от манипуляций.

Роль СМИ и общественное восприятие

Средства массовой информации сыграли неоспоримую роль в формировании общественного понимания изменения климата, часто выступая как посланником, так и усилителем проблемы. Хотя это имело некоторые положительные последствия с точки зрения повышения осведомленности, это также сыграло важную роль в формировании общественного восприятия способами, которые не всегда основаны на научных фактах или полном контексте. То, как изменение климата изображается в средствах массовой информации, оказывает глубокое влияние на коллективную психику и, что еще важнее, на то, как мы реагируем на то, что стало одной из самых обсуждаемых проблем современности.

Как СМИ освещают изменение климата и формируют общественное мнение

В эпоху круглосуточных новостных циклов, когда сенсационные истории часто доминируют в заголовках, изображение изменения климата в СМИ способствовало формированию у общественности восприятия глобального потепления как немедленного и срочного. Новостные агентства и онлайн-платформы, движимые рейтингами и показателями вовлеченности, часто прибегают к драматичным заголовкам и броским изображениям, чтобы привлечь внимание. Этот вид репортажей в меньшей степени направлен на предоставление тонких, научно сбалансированных точек зрения, а в большей — на привлечение внимания — часто с помощью историй, которые усиливают срочность ситуации.

Представление об изменении климата как о кризисе стало обычным явлением. Изменение климата часто изображается как немедленное, катастрофическое событие — то, что будет иметь разрушительные последствия в самом ближайшем будущем. Такое представление создало чувство паники у многих людей. Заголовки вроде «Земля на грани краха» или «10 лет на спасение планеты» не поощряют критическое мышление, а скорее способствуют созданию атмосферы страха и беспокойства. Акцент СМИ на катастрофе, гибели и срочности сформировал общественное мнение способами, которые могут ввести в заблуждение.

Новостные организации все больше полагаются на изображения тающих ледяных шапок, засух, ураганов и лесных пожаров — событий, которые часто имеют некоторую связь с изменением климата, но не всегда точно отражают более широкий контекст или фактическую науку, стоящую за ними. Эти визуальные эффекты, хотя и убедительны, могут создать повествование о том, что изменение климата — это не просто будущая проблема, а текущая. И хотя непосредственные катастрофы, связанные с погодой, определенно не следует игнорировать, необходим тщательный контекст, чтобы понять, являются ли эти события частью естественной изменчивости или прямым результатом изменения климата.

Влияние сенсационности на дискурс об изменении климата

Сенсационность в освещении в СМИ имеет тенденцию к чрезмерному упрощению и драматизации сложных вопросов, сводя тонкую науку об изменении климата к удобоваримым, но часто вводящим в заблуждение, звуковым фрагментам. Во многих случаях новости будут представлять преувеличенные прогнозы, такие как полная потеря арктических льдов в течение десятилетий или затопление целых прибрежных городов к 2050 году. Хотя эти мрачные прогнозы могут привлечь внимание, они также искажают сложность климатической науки и не учитывают множество переменных, вовлеченных в такие долгосрочные прогнозы.

Один из самых ярких примеров сенсационности СМИ можно увидеть в трактовке повествования о «переломном моменте». СМИ часто усиливают предупреждения о том, что мир быстро приближается к необратимой точке, где последствия изменения климата станут неконтролируемыми. Хотя идея переломного момента имеет некоторую обоснованность в определенных аспектах климатической науки, таких как таяние полярных льдов или крах экосистем, способ, которым она сообщается — часто с захватывающей дух срочностью — привел к путанице и ощущению надвигающейся гибели, которое может не быть оправдано фактическими данными. Это создает общественное восприятие того, что все гораздо хуже, чем есть на самом деле, что в конечном итоге приводит к недоверию и скептицизму в отношении самой науки.

В исследовании, опубликованном в журнале Nature Climate Change, исследователи обнаружили, что освещение изменения климата в СМИ часто подчеркивает негатив, более 70% историй фокусируются на катастрофических последствиях. Это же исследование показало, что эти сенсационные сообщения часто приводят к чувству беспомощности у общественности. Это проблема не только потому, что она искажает научную реальность, но и потому, что она подрывает усилия по вовлечению общественности в значимые, долгосрочные решения.

Роль СМИ в этой сенсационности сложна — с одной стороны, они отвечают на запросы своей аудитории в драматических историях, но с другой стороны, они также формируют образ мышления и действий людей. Когда СМИ работают с самыми тревожными прогнозами без надлежащего контекста или объяснения, они становятся агентами определенного повествования, а не объективными поставщиками информации. Они усиливают восприятие того, что мир находится на грани катастрофы и что любые действия, какими бы экстремальными они ни были, оправданы.

Психологическое влияние тактики запугивания в экологической отчетности

Одним из самых мощных психологических инструментов в арсенале СМИ является страх. Страх — это первичная человеческая эмоция, которая побуждает к действию, и она эксплуатировалась на протяжении столетий в политических, коммерческих и социальных контекстах. В дискурсе изменения климата страх — невероятно эффективная тактика, поскольку он затрагивает самые глубокие опасения людей по поводу будущего их семей, сообществ и мира. Он вызывает чувство безотлагательности, часто создавая иллюзию того, что для спасения планеты необходимы немедленные и радикальные меры.

СМИ часто представляют изменение климата как экзистенциальную угрозу человечеству, без компромиссов или возможности для дебатов. Алармистские заголовки и сообщения, такие как «Мир станет непригодным для жизни к 2100 году» или «Изменение климата уничтожит цивилизацию», создают впечатление, что будущее уже предопределено. Подобные сообщения могут быть научно необоснованными, но они играют на глубоко укоренившихся страхах перед неизвестностью и непоправимым ущербом, который мы, возможно, уже нанесли.

Психологи давно поняли, что страх, если его использовать эффективно, может привести к тому, что известно как «принцип предосторожности» — идее, что любого риска, каким бы малым он ни был, следует избегать любой ценой. В случае с изменением климата это вылилось в призывы к радикальным изменениям политики, таким как налоги на углерод, мандаты на возобновляемые источники энергии и схемы торговли углеродом, даже когда доказательства их немедленной эффективности неясны. Нарративы, основанные на страхе, заставляют людей принимать крайние решения, не полностью понимая долгосрочные последствия этих решений.

Однако основанные на страхе репортажи могут также иметь обратный эффект. Это приводит к тому, что известно как «усталость от тревоги», когда люди, подавленные постоянными сообщениями о гибели, полностью отключаются. В результате сообщение об изменении климата теряет свое воздействие, и люди становятся нечувствительными к этой проблеме. Это опасно, потому что вместо того, чтобы мобилизовать общественность на действия, основанное на страхе освещение в СМИ может в конечном итоге оттолкнуть и истощить ее.

Использование страха также способствует возникновению чувства бессилия. Растущий объем исследований в области экологической психологии показывает, что когда люди чувствуют себя беспомощными перед лицом больших, сложных проблем, они склонны отстраняться. Средства массовой информации, пытаясь привлечь общественность к обсуждению изменения климата, непреднамеренно способствовали возникновению чувства отчаяния, а не наделению людей полномочиями предпринимать реальные, значимые действия. Страх без надежды лишь парализует общественность и создает пассивную аудиторию, которая с большей вероятностью поддастся давлению отчаяния, чем сплотится ради перемен.

Как изменение климата представляется как надвигающийся кризис, а не как долгосрочная проблема

Одним из наиболее значимых способов, которыми СМИ сформировали общественное восприятие изменения климата, является представление его как неминуемого кризиса, а не как долгосрочного вызова, который будет разворачиваться в течение десятилетий и столетий. Этот сдвиг фокуса в сторону краткосрочного, ориентированного на кризис подхода затруднил для общественности полное понимание сложной, долгосрочной природы климатических систем и медленного темпа изменения климата.

Представление об изменении климата как о «чрезвычайной ситуации» или «кризисе» коренится в срочности политических и политических ответов, на которых настаивают защитники климата. Краткосрочные решения, такие как налоги на выбросы углерода или крупномасштабные вмешательства правительства, представляются как необходимые для предотвращения катастрофы. Это, конечно, значительное упрощение науки, и оно упускает из виду долгосрочные процессы, связанные с пониманием и решением проблемы изменения климата. Изменение климата — это долгосрочная проблема, разворачивающаяся на протяжении столетий, а не единичный кризис, который разыграется в течение нескольких лет. Тем не менее, освещение этой проблемы в СМИ фокусируется на краткосрочных катастрофах — штормах, повышении уровня моря и экстремальных погодных явлениях, — что создает ощущение срочности и паники, а не возможность для взвешенных, продуманных действий.

Такое обрамление также затрудняет развитие детального, постоянного разговора об изменении климата. Когда проблемы представляются как немедленные кризисы, это приглашает поляризованную, черно-белую перспективу. Политические дебаты часто сводятся к жесткому выбору: либо мы принимаем радикальные меры прямо сейчас, либо мир рухнет. Такое бинарное мышление упрощает реальность климатической науки, которая гораздо сложнее и неопределеннее, чем часто показывают СМИ. Изменение климата — это не событие, которое можно исправить одним политическим решением; это долгосрочная проблема, требующая постепенных корректировок, широкого сотрудничества и научных исследований.

Таким образом, СМИ сформулировали проблему изменения климата таким образом, что это затрудняет для общественности понимание реальной, продолжающейся проблемы глобального потепления. Вместо того, чтобы признать медленный, постепенный характер климатической науки, СМИ создали повествование о срочности и кризисе, которое не отражает истинную сложность проблемы.

Факт против вымысла

Изменение климата стало полем битвы за дезинформацию, где мифы и полуправда распространяются гораздо быстрее, чем фактическое научное понимание проблемы. Политики, средства массовой информации и даже активисты, намеренно или ненамеренно, распространяют повествование, которое часто упускает из виду сложности климатической науки и преувеличивает некоторые явления. Хотя реальность изменения климата неоспорима, мифы, окружающие его, искажают общественное понимание и создают ненужный страх, путаницу и споры. Важно отделить факты от вымысла в этой дискуссии, понять, что на самом деле происходит с нашей планетой, и подготовить себя к принятию наиболее обоснованных решений в будущем.

Развенчание мифов: приводит ли глобальное потепление к более экстремальным погодным явлениям?

Одно из наиболее часто повторяемых утверждений заключается в том, что глобальное потепление напрямую вызывает более экстремальные погодные явления. Эта идея была усилена сенсационными сообщениями СМИ, где каждый ураган, торнадо или засуха рассматриваются как свидетельство потепления планеты. Однако связь между изменением климата и экстремальными погодными явлениями гораздо сложнее и не может быть сведена к простой причине и следствию.

Хотя верно, что потепление атмосферы может удерживать больше влаги, что потенциально усиливает штормы, нет четкого консенсуса относительно того, что изменение климата напрямую вызывает увеличение частоты или интенсивности экстремальных погодных явлений. Фактически, когда речь идет об ураганах, например, в то время как потепление температуры морской поверхности может потенциально усилить штормы, долгосрочные тенденции показывают смешанную картину. Частота ураганов оставалась относительно стабильной в течение последнего столетия, и хотя более сильные штормы становятся все более распространенными, это не обязательно коррелирует с глобальным потеплением, вызванным деятельностью человека. Данные по этому вопросу все еще развиваются, и большую часть экстремальных погодных явлений, свидетелями которых мы являемся, можно отнести к естественным циклам, таким как Эль-Ниньо или Ла-Нинья.

Что мы можем сказать с уверенностью, так это то, что мы можем лучше отслеживать и сообщать об этих экстремальных погодных явлениях благодаря достижениям в области технологий. Чем сложнее становятся наши метеорологические системы, тем более экстремальными кажутся погодные явления, просто потому, что мы можем видеть их более четко. Не обязательно, что эти события происходят чаще, но теперь их легче обнаружить и записать.

Также важно признать, что изменение климата не происходит единообразно по всему миру. В некоторых регионах могут наблюдаться более частые или более суровые экстремальные погодные явления, в то время как в других может наблюдаться их уменьшение. Например, в некоторых районах может наблюдаться увеличение количества осадков и наводнений, в то время как в других могут наблюдаться более продолжительные засухи. Эти локализованные изменения усложняют аргумент о том, что глобальное потепление является единственной причиной экстремальных погодных явлений, и они демонстрируют сложность понимания того, как изменение климата проявляется в региональном масштабе.

Правда о повышении уровня моря и затоплении прибрежных территорий

Другой распространенный миф, связанный с изменением климата, заключается в том, что повышение уровня моря неизбежно приведет к затоплению прибрежных городов и целых стран. Заголовки часто кричат, что такие города, как Майами, Нью-Йорк или Джакарта, будут затоплены к концу столетия, создавая историю о конце света, которая вызвала всеобщую панику. Однако, хотя верно, что уровень моря повышается, масштабы воздействия гораздо менее драматичны, чем эти сенсационные сообщения заставляют вас поверить.

Уровень моря постепенно повышался в течение последнего столетия, по оценкам, с 1880 года он поднялся примерно на 8–9 дюймов по всему миру. Этот подъем обусловлен двумя основными факторами: термическим расширением морской воды по мере ее нагревания и таянием ледников и ледяных щитов. Однако скорость повышения уровня моря неравномерна по всему миру. В некоторых районах наблюдается более быстрый подъем из-за местных условий, таких как опускание суши или перераспределение водной массы, в то время как в других наблюдается незначительный или нулевой подъем.

Важно признать, что хотя повышение уровня моря представляет собой долгосрочную проблему, кризис не столь немедленный, как предполагают некоторые паникёрские сообщения. Прибрежные города не сталкиваются с неизбежным наводнением, и во многих местах уже существуют стратегии адаптации для управления повышением уровня воды. Такие города, как Нью-Йорк и Лондон, внедрили усовершенствования инфраструктуры для защиты от прибрежных наводнений. Реальная проблема заключается в медленном, постепенном характере повышения уровня моря, что даёт прибрежным регионам время для адаптации, но также требует долгосрочного планирования и инвестиций.

Более того, повествование о повышении уровня моря часто игнорирует тот факт, что многие из наиболее подверженных риску территорий являются результатом человеческого развития. Прибрежные города, построенные в низинных районах, уязвимы к повышению уровня моря, поскольку они были построены в местах, которые естественным образом подвержены наводнениям. Таким образом, решение состоит не в том, чтобы просто обвинить изменение климата, а в том, чтобы понять роль, которую человеческое принятие решений и городское планирование играют в формировании уязвимости. Угроза повышения уровня моря вполне реальна, но ее не следует представлять как неизбежную катастрофу; вместо этого ее следует рассматривать как вызов, требующий тщательного планирования, инженерных решений и адаптации политики с течением времени.

Действительно ли ледяные шапки тают с прогнозируемой скоростью?

Представление о том, что ледяные шапки тают с пугающей скоростью, является одним из самых распространенных образов в дебатах об изменении климата. Каждый год появляются отчеты, демонстрирующие резкое сокращение полярного ледяного покрова, сопровождаемые визуальными изображениями айсбергов, откалывающихся в море. Эти отчеты, хотя часто основаны на реальных данных, не отражают всей истории, и повествование, окружающее их, гораздо сложнее, чем может показаться.

Да, полярные ледяные шапки, особенно в Арктике, тают с ускорением, но это не вся история. Например, Антарктический ледяной щит на самом деле видел периоды роста наряду с потерями. Фактически, потеря льда в Антарктиде и Гренландии неравномерна в этих обширных регионах, и во многих случаях динамика ледяного щита включает в себя сложные циклы обратной связи, такие как то, как лед течет в океан или как таяние льда зависит от океанских течений. Хотя мы видели некоторые регионы потери полярного льда, есть области, где толщина льда оставалась стабильной или в некоторых случаях увеличивалась.

Более того, темпы потери льда на полюсах намного медленнее, чем часто изображают в СМИ. Хотя верно, что Арктика потеплела примерно в два раза быстрее среднего мирового показателя, таяние ледяных щитов не обязательно приведет к катастрофическому повышению уровня моря в ближайшем будущем. Как упоминалось ранее, эти процессы постепенны, и хотя они вызывают беспокойство в долгосрочной перспективе, они не представляют экзистенциальной угрозы в ближайшем будущем.

Ключевым фактором для понимания, когда речь идет о таянии льда, является то, что Арктика и Антарктика играют решающую роль в глобальной климатической системе. Они не просто пассивные индикаторы изменения климата, но и активные компоненты, которые влияют на циркуляцию атмосферы, океанические течения и глобальные погодные условия. Понимание полной динамики таяния ледяного покрова требует гораздо большего, чем просто рассмотрение потери объема; оно включает рассмотрение того, как эти изменения влияют на глобальные системы.

Отделение научного консенсуса от политических программ

Наконец, один из самых устойчивых мифов в дебатах об изменении климата заключается в том, что существует монолитный научный консенсус по каждому аспекту глобального потепления. Хотя существует общее согласие, что планета нагревается и что деятельность человека, в частности выбросы углерода, играет в этом свою роль, спор далек от завершения, когда дело доходит до деталей. Климатическая наука, как и всякая наука, представляет собой непрерывный процесс исследования и открытия, и на него влияют различные факторы, включая доступность данных, технический прогресс и политическое давление.

Одна из причин, по которой аргумент консенсуса стал настолько распространенным, заключается в том, что политические повестки дня были тесно переплетены с повествованием об изменении климата. Такие организации, как Организация Объединенных Наций и Всемирный экономический форум, а также правительства по всему миру активно продвигали идею о том, что изменение климата является наиболее важной проблемой, стоящей перед человечеством. Но вместе с этими усилиями приходит и толчок к политике, которая не всегда может основываться на научном консенсусе, а скорее на экономических или политических мотивах.

То, как изменение климата было представлено как почти универсальная истина, привело к исключению альтернативных точек зрения. Например, сомнение в доминирующем повествовании об изменении климата — будь то о причинах потепления, последствиях повышения уровня CO2 или эффективности предлагаемых решений — часто изображалось как ересь, хотя скептицизм и дебаты являются основополагающими для научного прогресса. В спешке решения проблемы сложные вопросы иногда упрощались или игнорировались, и при этом создавалось ложное повествование, которое отвергает более широкий спектр научного дискурса.

Научный консенсус не равнозначен уверенности. Хотя большинство климатологов согласны с тем, что изменение климата происходит и что деятельность человека способствует этому, продолжаются дебаты и есть области, в которых наука все еще развивается. От роли образования облаков в обратной связи климата до точности климатических моделей в прогнозировании региональных воздействий, большая часть климатической науки остается неопределенной. Политическое давление, источники финансирования и корыстные интересы часто формируют то, как эти дебаты оформляются, иногда затуманивая научную дискуссию идеологией.

Миф о научном единодушии в сочетании с политическим и медийным паникерством превратил изменение климата в спорный вопрос, который касается как идеологии, так и науки. Чтобы двигаться вперед, мы должны отделить научные факты от политических программ и по-настоящему участвовать в открытом, честном и аргументированном обсуждении климата и нашего будущего на этой планете.

Глава 4: Глобальное потепление, экономический коллапс и контроль

Продвижение налогов на выбросы углерода и их влияние на мировую экономику

Налоги на выбросы углерода стали одним из основных инструментов, предлагаемых правительствами по всему миру для борьбы с изменением климата. Теория, лежащая в основе этих налогов, проста: устанавливая цену на выбросы углерода, отрасли и частные лица будут заинтересованы в сокращении выбросов парниковых газов, поощряя переход к более экологичным и устойчивым методам. На первый взгляд, это звучит как разумный подход. В конце концов, налогообложение загрязнения имеет смысл, не так ли? Но реальность гораздо сложнее, и экономические последствия такой политики имеют далеко идущие последствия — часто не до конца понятые или не признанные.

Продвижение налогов на выбросы углерода во многом обусловлено желанием переложить бремя изменения климата на загрязнителей, теоретически заставить их платить за экологические издержки своих действий. Однако этот подход имеет серьезные последствия, которые нельзя игнорировать. На практике налоги на выбросы углерода создают каскад финансовых давлений, которые влияют на бизнес, потребителей и всю экономику.

Для отраслей стоимость налогов на выбросы углерода может быть существенной. Компании, которые полагаются на углеродоемкие процессы, такие как производство, транспортировка или производство энергии, сталкиваются с более высокими эксплуатационными расходами, поскольку они вынуждены платить за свои выбросы углерода. Это увеличивает себестоимость производства, что приводит к более высоким ценам для потребителей. Во многих случаях предприятия перекладывают эти расходы непосредственно на общественность, что приводит к росту цен на все, от топлива до продуктов питания. Хотя это может побудить некоторые отрасли внедрять более чистые технологии, это также создает значительное бремя для предприятий, у которых может не быть ресурсов для быстрого или доступного осуществления таких переходов.

Более того, налоги на выбросы углерода могут подорвать глобальную конкурентоспособность отраслей в регионах, которые вводят эти налоги. Компании в странах с налогами на выбросы углерода могут оказаться в невыгодном положении, конкурируя с предприятиями в странах без такой политики. Это может привести к «утечке углерода», когда компании переносят свою деятельность в страны с более мягкими экологическими нормами, в конечном итоге подрывая сами цели ценообразования на выбросы углерода. Ярким примером этого является Система торговли квотами на выбросы Европейского союза (ETS), которая подверглась критике за свою неспособность значительно сократить выбросы в таких отраслях, как сталелитейная и цементная, поскольку компании переместились в регионы с более низкими затратами и менее строгими экологическими нормами.

Международный рынок углерода, который стал основным компонентом глобального продвижения налогов на выбросы углерода, еще больше усложняет проблему. Идея, лежащая в основе рынков углерода, заключается в том, что страны или компании, которые выбрасывают больше углерода, чем им выделенные квоты, могут покупать кредиты у других, которые выбрасывают меньше. Теоретически это создает финансовый стимул для стран сокращать свои выбросы, одновременно обеспечивая гибкость в том, как они достигают своих климатических целей. Однако на практике эти рынки часто омрачаются неэффективностью, лазейками и ценовой волатильностью, что делает их неэффективными в продвижении реальных изменений. Критики утверждают, что рынки углерода просто предоставляют корпорациям возможность «озеленить» свою деятельность — покупая кредиты, они могут продолжать загрязнять, не внося существенных изменений в свою деятельность.

В глобальном масштабе стремление к налогам на выбросы углерода привело к появлению сети сложных правил, в которых невероятно сложно ориентироваться. Для таких стран, как США или Китай — двух крупнейших источников выбросов углерода — введение налога на выбросы углерода без глобального соглашения может привести к серьезным торговым дисбалансам и непредвиденным последствиям. Если бы налог на выбросы углерода был введен в одной стране без международного сотрудничества, это могло бы привести к торговым войнам, тарифам и экономическим последствиям, поскольку страны с более низкими экологическими стандартами приняли бы ответные меры. Это подчеркивает одну из основных проблем реализации глобальной климатической политики: без всеобщей поддержки и сотрудничества вся система рискует быть подорванной.

Помимо непосредственного воздействия на промышленность и торговлю, налоги на выбросы углерода также оказывают существенное влияние на потребителей, особенно в развивающихся странах. Стоимость жизни увеличивается, поскольку товары и услуги, которые зависят от углеродоемких процессов — энергия, транспорт и производство продуктов питания — становятся дороже. В более богатых странах потребители могут покрыть эти расходы, но в развивающихся странах даже небольшое повышение цен на энергоносители может иметь разрушительные последствия для семей, живущих в бедности. Это особенно проблематично, если учесть, что многие развивающиеся страны вносят гораздо меньший вклад в глобальные выбросы углерода, чем более богатые страны, но все равно будут облагаться налогами на выбросы углерода в соответствии с международными соглашениями.

Ирония здесь поразительна. Хотя налоги на выбросы углерода призваны решать проблему экологического неравенства, они часто в конечном итоге усугубляют экономическое неравенство. Развивающиеся страны, которые и так сталкиваются с такими проблемами, как бедность, политическая нестабильность и ограниченный доступ к чистой энергии, оказываются в невыгодном положении, когда вводятся глобальные налоги на выбросы углерода. Дополнительные расходы на эти налоги затрудняют для этих стран рост экономики и развитие инфраструктуры, в то время как более богатые страны, которые исторически вносили наибольший вклад в выбросы углерода, имеют ресурсы, чтобы пережить эти финансовые штормы.

Эта проблема экономического неравенства касается не только развивающихся стран. Даже в богатых странах налоги на выбросы углерода непропорционально сильно влияют на домохозяйства с низким доходом. Для многих семей расходы на отопление домов, вождение автомобилей и покупку товаров уже являются значительным финансовым бременем. Поскольку налоги на выбросы углерода повышают стоимость энергии и товаров, те, у кого наименьшая экономическая мобильность, оказываются вынужденными платить самую высокую цену за климатическую политику, направленную на защиту окружающей среды. Это поднимает важные вопросы о справедливости и эффективности налогов на выбросы углерода как инструмента для решения проблемы глобального потепления.

Скрытые издержки налогов на выбросы углерода также распространяются на более широкую экономическую систему. Поскольку отрасли сталкиваются с более высокими издержками производства, их способность к инновациям и росту может быть подавлена, что замедлит общий экономический рост. Хотя некоторые утверждают, что зеленые технологии могут стимулировать инновации, переход к более чистым отраслям требует существенных первоначальных инвестиций, и многие компании могут не обладать финансовой гибкостью, чтобы сделать этот скачок. Хуже того, некоторые отрасли могут полностью сопротивляться этим изменениям, борясь с политикой в области климата и лоббируя исключения или лазейки, которые позволят им поддерживать свою деятельность с высоким уровнем выбросов.

Натиск налогов на выбросы углерода также можно рассматривать как преднамеренную попытку централизовать экономический контроль под видом защиты окружающей среды. С этой точки зрения ценообразование на выбросы углерода становится для правительств и международных организаций способом перераспределения богатства, контроля рынков и создания новых экономических систем. Углеродные кредиты, налоги на выбросы углерода и международный рынок углерода создают новую форму экономической власти — ту, которая связана с экологической политикой и целями в области климата. Эти системы часто благоприятствуют крупным корпорациям и богатым странам, которые могут позволить себе покупать кредиты и ориентироваться в сложных правилах, в то время как малые предприятия и развивающиеся страны сталкиваются с растущим давлением, с которым они плохо подготовлены.

Это можно рассматривать как форму экономического контроля, поскольку мощные финансовые институты и транснациональные корпорации получат выгоду от введения налогов на выбросы углерода. Многие из крупнейших игроков в мировой экономике вложили значительные средства в зеленые технологии, схемы торговли выбросами углерода и возобновляемые источники энергии. Поскольку правительства настаивают на ценообразовании углерода, эти компании готовы извлечь выгоду из нового экономического порядка, который возникает, создавая сценарий, в котором богатые становятся еще богаче, в то время как глобальный средний класс и рабочий класс несут на себе основную тяжесть перехода.

Более того, акцент на налогах на выбросы углерода отвлекает от более фундаментальных экономических и экологических проблем. Он отвлекает внимание от структурных проблем, таких как корпоративное загрязнение, неустойчивые методы ведения сельского хозяйства и деградация земель, которые все способствуют изменению климата, но не вписываются в модель налога на выбросы углерода. Отдавая приоритет ценообразованию на выбросы углерода, правительства рискуют упустить из виду необходимость системных изменений в том, как работают отрасли и как структурирована экономика, сосредоточившись узко на выбросах углерода, а не на более широких экологических и экономических реформах.

Поскольку движение за налоги на выбросы углерода продолжает набирать обороты, важно понимать более широкие последствия этой политики. Хотя налоги на выбросы углерода могут показаться эффективным способом решения проблемы изменения климата, необходимо тщательно взвесить экономические и социальные издержки. Последствия для отраслей, потребителей и развивающихся стран могут оказаться гораздо более серьезными, чем многие себе представляют, а риск непреднамеренного экономического краха реален.

Изменение климата как инструмент глобального контроля

Политика в области изменения климата все больше становится чем-то большим, чем просто вопросом экологической озабоченности; она превратилась в инструменты власти, контроля и влияния. На первый взгляд, глобальный толчок к решению проблемы изменения климата, по-видимому, обусловлен лучшими намерениями — защитой планеты, сокращением выбросов и смягчением последствий повышения температуры. Однако под этим фасадом скрывается сложная и часто тревожная реальность: политика в области климата используется для смещения политической власти, перераспределения богатства и подрыва национального суверенитета. Это закономерность, которую нельзя упускать из виду, поскольку ставки огромны — не только для окружающей среды, но и для самой природы политических и экономических систем во всем мире.

Одним из ключевых способов, с помощью которых климатическая политика меняет политическую власть, является предоставление правительствам и международным организациям средств для регулирования и контроля отраслей, экономики и населения. Правительства, особенно в богатых странах, все больше получают возможность диктовать условия производства, потребления и торговли посредством климатических норм. Эта политика дает им возможность определять, какие отрасли преуспеют или потерпят неудачу, какие технологии будут процветать и какие страны получат доступ к финансовым ресурсам, необходимым для развития. Речь уже идет не только о сокращении выбросов — речь идет о создании совершенно нового порядка, в котором рычаги власти будут прочно находиться в руках тех, кто контролирует климатическую повестку дня.

Идея о том, что изменение климата может быть использовано в качестве инструмента политического влияния, не нова. Фактически, это было признано лидерами по всему миру. Например, бывший президент США Барак Обама заявил в своей речи в 2009 году: «Самая большая угроза для нашей планеты — это вера в то, что кто-то другой ее спасет». Этот менталитет — что ответственность за борьбу с изменением климата ложится целиком на плечи правительства — позволил сконцентрировать власть в руках глобальных институтов и национальных правительств, которые утверждают, что у них есть решения. Но в действительности такой централизованный контроль может подавлять индивидуальные свободы, национальную автономию и экономическую конкурентоспособность. Политика, которая представляется как решение проблемы изменения климата, часто сопровождается скрытыми условиями — условиями, которые укрепляют власть мировых элит, одновременно уменьшая способность местных и национальных лидеров действовать независимо.

Продвижение политики в области климата также напрямую связано с перераспределением богатства в глобальном масштабе. Во многих отношениях климатическая повестка дня стала механизмом передачи богатства, где финансовые ресурсы направляются от богатых стран к более бедным под видом «климатической справедливости». Логика этого проста: более богатые страны считаются исторически ответственными за львиную долю выбросов парниковых газов, и поэтому они должны нести основную тяжесть финансового бремени в борьбе с изменением климата. Хотя этот принцип может показаться справедливым на первый взгляд, он часто игнорирует более широкие сложности экономического развития и тот факт, что многие развивающиеся страны все еще находятся в процессе индустриализации.

Глобальные инициативы, такие как Парижское соглашение, требующее от богатых стран вносить огромные суммы, чтобы помочь развивающимся странам смягчить последствия изменения климата и адаптироваться к нему, являются примерами того, как изменение климата может стать средством перераспределения богатства. Однако фонды, проходящие через эти каналы, часто управляются международными организациями, такими как Организация Объединенных Наций или

Всемирный банк, чьи действия не всегда прозрачны или подотчетны общественности. Перераспределение богатства в форме климатической помощи стало мощным инструментом, который некоторые правительства используют для формирования международных отношений, расширения своего влияния и усиления контроля над развивающимися странами.

В то же время изменение климата использовалось как предлог для введения жесткой экономической и экологической политики, которая приносит пользу определенным секторам за счет других. Одним из наиболее ярких примеров этого является «Новый зеленый курс» — масштабное законодательное предложение, которое выступает за масштабную перестройку экономики США с акцентом на декарбонизацию отраслей, создание «зеленых» рабочих мест и обеспечение социальной справедливости. «Новый зеленый курс» стал символом более широкого движения за борьбу с изменением климата, стремящегося к системным изменениям, но он также является примером того, как климатический кризис используется в качестве платформы для продвижения политических идеологий и перестройки экономики.

Экономические последствия от «Нового зеленого курса» или подобных предложений могут быть катастрофическими. Хотя цели перехода к чистому энергетическому будущему и сокращения выбросов заслуживают похвалы, практическая реализация такой политики может привести к широкомасштабному экономическому сбою. Огромные инвестиции, необходимые для достижения целей «Нового зеленого курса», будут финансироваться за счет денег налогоплательщиков, что создаст огромное финансовое бремя. Акцент плана на «зеленых рабочих местах» может привести к потере рабочих мест в традиционных отраслях, таких как добыча ископаемого топлива, производство и транспорт, с небольшой гарантией того, что уволенные рабочие найдут работу в новой зеленой экономике. Это не только навредит работникам, но и может потенциально привести к экономической стагнации в целых регионах, которые зависят от отраслей, на которые нацелена политика в области климата.

Еще больше усложняет проблему потенциал экономической централизации. «Новый зеленый курс» и аналогичные климатические политики могут привести к концентрации власти в нескольких ключевых секторах, таких как возобновляемые источники энергии и зеленые технологии. Если правительство возьмет на себя большую роль в регулировании и контроле этих отраслей, оно может создать систему, в которой горстка корпораций и отраслей получит непропорционально большую выгоду от климатической политики. Эти компании, часто поддерживаемые государственными субсидиями, будут иметь конкурентное преимущество перед более мелкими предприятиями, и экономика станет более зависимой от вмешательства государства. Это может привести к утрате принципов свободного рынка и усугубить экономическое неравенство, поскольку богатство будет перетекать в руки крупных, политически связанных корпораций, а не распределяться по всему обществу.

Помимо экономических последствий, политика в области изменения климата подрывает национальный суверенитет, передавая полномочия по принятию решений от правительств в руки международных организаций и глобальных институтов. Международные климатические соглашения, такие как Парижское соглашение, создают для стран обязательные обязательства по сокращению выбросов углерода. Хотя эти соглашения призваны объединить страны для борьбы с изменением климата, они также подрывают способность отдельных стран принимать независимые решения относительно своей энергетической, промышленной и экономической политики.

Эрозия национального суверенитета наиболее очевидна в растущем влиянии глобальных структур управления. За последние несколько десятилетий мы стали свидетелями растущей зависимости от международных организаций, таких как Организация Объединенных Наций, Всемирная торговая организация и Всемирный экономический форум, в установлении глобальных стандартов для всего, от торговли до экологических норм. Эти организации часто оказывают огромное давление на национальные правительства, требуя принятия определенной политики в области климата, независимо от того, соответствует ли эта политика наилучшим интересам их граждан. Национальный суверенитет еще больше подрывается, поскольку страны связаны международными соглашениями, которые налагают ограничения на их экономический рост, энергетическую независимость и социальные структуры.

По мере того, как влияние этих глобальных организаций продолжает расширяться, страны оказываются ограниченными международной климатической политикой, которую они могут не поддерживать или которая может не соответствовать их уникальным обстоятельствам. Например, развивающаяся страна, которая в значительной степени зависит от угля для получения энергии, может быть вынуждена отказаться от своих угольных электростанций в пользу возобновляемых источников энергии, даже если первоначальные затраты на такой переход могут быть непомерно высокими. Аналогичным образом, более мелкие страны могут обнаружить, что их экономические решения зависят от финансового влияния богатых стран или международных климатических фондов. Хотя эта политика часто формулируется как необходимая для глобального сотрудничества и климатической справедливости, она также может служить консолидации власти в руках нескольких доминирующих игроков, еще больше подрывая способность стран определять свое собственное будущее.

Во многих отношениях изменение климата стало инструментом для продвижения глобалистской повестки дня, которая стремится централизовать власть, регулировать экономику и перераспределять богатство под видом защиты окружающей среды. Это не значит, что борьба с изменением климата не важна — это далеко не так. Но важно понимать, что движение за изменение климата стало платформой для более масштабных политических и экономических сдвигов, которые выходят за рамки окружающей среды. Таким образом, важно задаться вопросом, кто выигрывает от этой политики и кто несет основную тяжесть ее издержек.

Стремительное продвижение политики в области изменения климата и растущее влияние глобальных институтов на национальные правительства сигнализируют о будущем, в котором политическая и экономическая власть все больше концентрируется в руках нескольких мировых элит. Хотя климатический кризис реален, политика, направленная на его решение, не лишена собственного набора рисков, включая подрыв национального суверенитета, экономическую нестабильность и концентрацию власти в руках тех, кто больше всего выиграет. Это вопросы, которые заслуживают тщательного изучения, если мы хотим избежать создания мира, в котором контроль больше не находится в руках отдельных лиц или стран, а в руках глобальных институтов, которые не отвечают ни перед кем, кроме самих себя.

Зелёная экономика: действительно ли она устойчива?

Концепция «зеленой экономики» стала центральным принципом в глобальном стремлении к устойчивости. Она обещает сократить выбросы углерода, способствовать защите окружающей среды и перевести экономику на чистые источники энергии. Однако по мере того, как мы глубже погружаемся в практические аспекты этого зеленого сдвига, становится все более очевидным, что обещание полностью устойчивой зеленой экономики гораздо сложнее, чем кажется на первый взгляд. Под поверхностью этой зеленой революции лежит множество проблем, противоречий и экологических издержек, которые многие не решают. Поскольку мы исследуем прибыльность, экологические издержки и социальные и экономические последствия продвижения зеленой экономики, важно критически оценить, действительно ли зеленые технологии, которые рекламируются как будущее нашего мира, настолько устойчивы, как они заявляют.

Рентабельность «зеленых» отраслей и технологий

Одним из ключевых аргументов в пользу зеленой экономики является то, что отрасли, ориентированные на возобновляемые источники энергии и чистые технологии, не только экологически безопасны, но и экономически выгодны. Рост технологий солнечной, ветровой и электромобилей (ЭМ) вызвал инновации и привлек значительные инвестиции, особенно в странах, продвигающих амбициозные цели по климату. Компании, которые производят солнечные панели, ветряные турбины и электромобили, стали одними из самых ценных на рынке. Например, Tesla, один из самых выдающихся игроков в сфере электромобилей, увидела, как ее рыночная стоимость резко возросла по мере роста мирового спроса на зеленые технологии.

Зеленая экономика имеет законную привлекательность с экономической точки зрения. Нет сомнений, что отрасли возобновляемой энергетики создают рабочие места, стимулируют инновации и вносят значительный вклад в экономику. Фактически, сектор возобновляемой энергетики стал одним из самых быстрорастущих секторов в мире. По данным Международного агентства по возобновляемым источникам энергии (IRENA), к 2030 году число рабочих мест в сфере возобновляемой энергетики во всем мире может превысить 85 миллионов, что обеспечит существенный экономический импульс. Глобальный переход к зеленым технологиям действительно может предоставить возможность для прибыльных инвестиций и создать множество новых отраслей.

Но эта прибыльность не лишена ограничений. Зеленые технологии, которые привлекли внимание — солнечные, ветровые и электромобили — еще не полностью самодостаточны без существенных государственных субсидий и стимулов. Эти отрасли в значительной степени зависят от налоговых льгот, субсидий и государственной поддержки, чтобы оставаться финансово жизнеспособными. Например, солнечная генерация энергии, хотя и значительно дешевле, чем когда-то, по-прежнему во многом зависит от государственных стимулов, чтобы оставаться конкурентоспособной по сравнению с ископаемым топливом. Стоимость перехода от угля и газа к зеленой энергетике астрономическая, и роль правительства в субсидировании этих отраслей имеет решающее значение для их дальнейшего успеха.

Без этой поддержки неясно, смогут ли отрасли возобновляемой энергетики существовать самостоятельно в условиях по-настоящему свободной рыночной экономики. Ситуация похожа на ситуацию, когда ребенок учится ходить, все еще полагаясь на тренировочные колеса, прежде чем он сможет функционировать самостоятельно. Будущая прибыльность этих зеленых отраслей остается неопределенной в среде, где играют роль экономические силы и рыночная динамика.

Экологическая стоимость возобновляемых источников энергии, таких как солнечная и ветровая

Рост солнечной, ветровой и других возобновляемых источников энергии был воспринят как решение наших экологических проблем, но правда гораздо более тонка. Хотя эти источники энергии чище ископаемого топлива с точки зрения прямых выбросов, они имеют свои собственные экологические издержки. В частности, производство, установка и обслуживание технологий возобновляемой энергии могут иметь значительное воздействие на окружающую среду.

Возьмем, к примеру, солнечную энергию. Солнечные панели изготавливаются из таких материалов, как кремний, серебро и редкоземельные металлы, все из которых требуют интенсивной добычи и обработки. Добыча этих материалов может нанести серьезный ущерб окружающей среде, такой как вырубка лесов, эрозия почвы и загрязнение воды. Кроме того, процесс производства солнечных панелей производит значительные объемы выбросов углерода, что сводит на нет некоторые экологические преимущества, которые приносят эти панели. Хотя на этапе эксплуатации солнечных панелей выбросы практически отсутствуют, процесс их производства далек от углеродно-нейтрального.

Ветроэнергетика, аналогично, не лишена экологических последствий. Ветряные турбины, как и солнечные панели, требуют редкоземельных металлов, таких как неодим и диспрозий, которые обычно добываются в экологически вредных условиях. Кроме того, строительство ветровых электростанций часто требует больших участков земли, что может нарушить местные экосистемы. Птицы и летучие мыши также погибают от ветряных турбин, что добавляет еще один уровень сложности к экологическому балансу. Ветряные турбины также могут оказывать значительное визуальное воздействие на ландшафты, изменяя естественную эстетику сельских и прибрежных районов.

Хотя ветер и солнце, несомненно, чище ископаемого топлива, их воздействие на окружающую среду нельзя игнорировать. Материалы, используемые при их производстве, энергия, необходимая для производства, и сбои, вызванные установкой и обслуживанием, в совокупности составляют экологические издержки, которые необходимо учитывать при любом обсуждении их устойчивости.

Действительно ли электромобили и зеленые технологии безопасны для окружающей среды?

Электромобили (ЭМ) часто рекламируются как решение для сокращения выбросов парниковых газов в транспортном секторе.

Обещание будущего, в котором мы больше не будем полагаться на автомобили с бензиновым двигателем, захватило воображение правительств и потребителей. Tesla, наряду с другими производителями электромобилей, помогла ускорить переход к электрической мобильности, создав впечатление, что мы находимся на грани транспортной революции.

Однако воздействие электромобилей на окружающую среду гораздо сложнее, чем кажется на первый взгляд. Производство электромобилей, особенно аккумуляторов, которые их питают, наносит значительный ущерб окружающей среде. Литий-ионные аккумуляторы, которые являются наиболее распространенным типом аккумуляторов, используемых в электромобилях, требуют извлечения лития, кобальта и никеля — материалов, которые часто добываются в экологически уязвимых районах, а сами процессы добычи являются энергоемкими и сильно загрязняющими. Более того, большая часть электроэнергии, используемой для зарядки электромобилей, по-прежнему поступает из ископаемого топлива, особенно в странах, где инфраструктура возобновляемой энергии недостаточно развита. Это означает, что во многих случаях экономия углерода, связанная с электромобилями, значительно снижается.

Рынок подержанных электромобилей также представляет собой проблему. По мере развития технологий аккумуляторов старые модели электромобилей столкнутся с проблемами деградации и утилизации аккумуляторов, что может создать еще один поток отходов, который не полностью охвачен текущими технологиями переработки. Хотя потенциал переработки аккумуляторов электромобилей существует, он все еще находится в зачаточном состоянии, и большая часть материала старых аккумуляторов может оказаться на свалках.

Электромобили, несомненно, чище своих газовых аналогов, но они не лишены своих экологических издержек. По-настоящему зеленая экономика потребует рассмотрения полного жизненного цикла этих транспортных средств, от добычи сырья до утилизации, чтобы гарантировать, что экологические компромиссы будут сведены к минимуму.

Социальные и экономические последствия продвижения зеленой экономики

Переход к зеленой экономике, хотя и необходим для решения проблемы изменения климата, несет в себе значительные социальные и экономические последствия. Для начала, экономический сдвиг от ископаемого топлива к возобновляемым источникам энергии может оставить целые отрасли промышленности и миллионы рабочих позади. Уголь, нефть и природный газ остаются важными для многих экономик, особенно в развивающихся странах. Отрасли, построенные вокруг этих ресурсов, поддерживают миллионы рабочих мест, от добычи и бурения до транспортировки и переработки. Стремление к зеленой экономике рискует вытеснить рабочих из этих отраслей, не предложив им жизнеспособных альтернатив или возможностей для переподготовки.

По мере сокращения отраслей, связанных с ископаемым топливом, будут сокращаться и зависящие от них сообщества. Это может привести к росту экономического неравенства, особенно в сельских или менее развитых регионах, которые в значительной степени зависят от этих отраслей для трудоустройства и экономической стабильности. Хотя зеленые технологии имеют потенциал для создания новых рабочих мест, они могут быть недоступны для работников, которые будут перемещены в результате перехода. Набор навыков, требуемых для работы в сфере возобновляемой энергии, значительно отличается от тех, которые требуются в отрасли, связанной с ископаемым топливом, и усилия по переподготовке будут иметь важное значение, если перемещенные работники хотят найти новые возможности.

Более того, продвижение зеленых технологий может привести к повышению цен на энергию для потребителей. Хотя возобновляемые источники энергии, такие как солнечная и ветровая, со временем стали дешевле, инфраструктура, необходимая для их поддержки, такая как электросети, системы хранения аккумуляторов и резервные электростанции, требует существенных инвестиций. Эти расходы часто перекладываются на потребителей, что потенциально повышает цену на энергию для всех, особенно в развивающихся странах, которые в значительной степени зависят от ископаемого топлива для своих энергетических потребностей.

Во многих отношениях зеленая экономика стала символом более широкой политической и экономической повестки дня. Зеленые технологии часто продаются не только как экологические решения, но и как способ перестроить целые экономики. Хотя это может понравиться тем, кто считает изменение климата неотложной угрозой, социальные и экономические последствия слишком быстрого перехода к зеленой экономике не до конца поняты.

Реальность зеленой экономики гораздо сложнее, чем часто признают ее сторонники. Хотя зеленые технологии и обещают многое, они не являются панацеей. Экологические издержки производства возобновляемой энергии, экологическое воздействие электромобилей и социальные последствия зеленой экономики должны быть учтены. По мере того, как мы движемся к более устойчивому будущему, важно признать, что зеленая революция чревата проблемами, противоречиями и компромиссами. Зеленая экономика вполне может быть будущим, но является ли она действительно устойчивой и сможет ли она выполнить свои обещания, остается открытым вопросом.

Глава 5: Разоблачение повестки дня по глобальному потеплению (кому это выгодно и почему)

Корпоративные интересы и зеленая повестка дня

Дебаты об изменении климата часто изображают как битву между силами добра — теми, кто выступает за экологическую устойчивость — и силами жадности, которые изображаются как индустрия ископаемого топлива. Однако часто упускается из виду сложная сеть корпоративных интересов и их роль в формировании как повествования, так и политики, связанной с глобальным потеплением. Корпорации, от технологических гигантов до компаний возобновляемой энергии, стали центральными игроками в повестке дня по изменению климата не только потому, что они заботятся о планете, но и потому, что они получают прибыль от предлагаемых решений.

Хотя легко думать, что зеленые технологии благоприятствуют окружающей среде, они по-прежнему глубоко укоренены в капиталистической структуре, где прибыль — это король. Зеленые технологии, от солнечных панелей до ветряных турбин и электромобилей (ЭМ), представляются как ключевые решения для смягчения последствий изменения климата. Эти отрасли выросли в геометрической прогрессии, в них вложены миллиарды долларов инвестиций. Но кто выигрывает от этой зеленой революции и почему?

Роль корпораций в продвижении решений по борьбе с изменением климата с целью получения прибыли

Важно признать, что корпорации, особенно те, которые занимаются зелеными технологиями, имеют корыстный интерес в продвижении темы изменения климата, поскольку это идеально соответствует их бизнес-целям. В мире, который становится все более экологически сознательным, нет лучшего времени, чтобы извлечь выгоду из спроса на решения в области чистой энергии. Рост таких политик, как ценообразование на выбросы углерода, налоговые льготы и требования возобновляемой энергии, предоставил этим компаниям идеальные условия для получения прибыли, поскольку правительства по всему миру стимулируют компании, которые могут предоставить «правильные» решения проблем климата.

Рассмотрим энергетический сектор, где некоторые из крупнейших компаний мира перешли на возобновляемые источники энергии. Shell, BP и Total, все нефтегазовые гиганты, вложили значительные средства в солнечную и ветровую энергию. Эти компании действуют не из альтруизма, а потому, что они осознают огромный экономический потенциал, который заложен в возобновляемых источниках энергии. Глобальный переход на возобновляемые источники энергии заключается не только в сокращении выбросов углерода; это также захват доли рынка в быстрорастущем секторе. Например, BP недавно объявила о планах выделить 40% своего бюджета на проекты чистой энергии, признав, что возобновляемые источники энергии станут существенной частью ее будущей стратегии роста.

Эти нефтяные гиганты также извлекают выгоду из инфраструктуры, необходимой для зеленой экономики. Например, поскольку правительства вводят правила, способствующие использованию электромобилей, компании, которые производят зарядные станции для электромобилей, аккумуляторы и сопутствующие технологии, могут получить выгоду. Эти разработки открывают новые рынки и предлагают прибыльный источник дохода, гарантируя, что компании в энергетическом секторе останутся прибыльными, пока мир отказывается от ископаемого топлива.

Как компании, занимающиеся экологически чистыми технологиями, извлекают выгоду из климатической политики

Компании, занимающиеся зелеными технологиями, успешно согласовали свою деятельность с политикой в области изменения климата, позиционируя себя как решение проблемы ухудшения состояния окружающей среды. Компании, производящие солнечные панели, ветряные турбины и аккумуляторы, находятся на переднем крае зеленой революции, все они получают выгоду от субсидий, налоговых льгот и нормативно-правовой базы, призванной стимулировать отказ от ископаемого топлива. Быстрый рост рынка электромобилей, который стал одной из самых значимых отраслей в зеленой экономике, является ярким примером того, как процветают корпоративные интересы.

Tesla, компания, которая произвела революцию на рынке электромобилей, служит олицетворением корпоративного успеха в зеленой экономике. Хотя миссия Tesla «ускорить переход мира к устойчивой энергетике» звучит достойно восхищения, компания также извлекла выгоду из государственных субсидий, грантов и налоговых льгот. Tesla получила миллиарды долларов в виде субсидий от правительств по всему миру, включая США, для стимулирования производства и внедрения электромобилей. Но остается вопрос: является ли истинной движущей силой успеха Tesla технология или же государственная поддержка помогает поддерживать его?

Даже компании, которые производят возобновляемые источники энергии, стали крупными игроками в корпоративном мире. Такие компании, как First Solar и Vestas Wind Systems, входят в число ведущих бенефициаров политики зеленой энергетики. Поскольку правительства и компании по всему миру взяли на себя обязательства по достижению целей нулевого выброса углерода, спрос на инфраструктуру возобновляемой энергии резко возрос. Это привело к экспоненциальному росту в солнечной и ветровой промышленности, что привело к росту цен на акции и созданию значительного богатства для акционеров.

Однако важно понимать, что эти компании также глубоко укоренены в капиталистической системе. Они не работают на некоммерческой основе. Ими движет потребность в создании богатства, и это богатство часто создается за счет выгоды от благоприятной государственной политики. Критический анализ зеленой экономики показывает, что многие компании просто используют изменение климата как бизнес-возможность, как и любую другую рыночную тенденцию. В этом смысле зеленая экономика и климатическая политика не просто спасают планету; они создают новые деловые предприятия и источники доходов для корпораций.

Роль индустрии ископаемого топлива как в поддержке, так и в противодействии идеям об изменении климата

Индустрия ископаемого топлива играет двойную роль в дебатах об изменении климата. С одной стороны, она стала объектом беспощадной критики за свой вклад в выбросы парниковых газов, и это справедливо. С другой стороны, она также оказалась заметным игроком в зеленой экономике, позиционируя себя как часть решения.

Десятилетиями индустрия ископаемого топлива боролась с нарративом об изменении климата. Были предприняты значительные усилия по преуменьшению рисков, связанных с глобальным потеплением, даже финансировались кампании, продвигавшие идею о том, что климатическая наука неопределенна или преувеличена. Некоторые из самых известных энергетических компаний, включая ExxonMobil, столкнулись с обвинениями в том, что они вводят общественность в заблуждение относительно опасностей изменения климата, несмотря на знание рисков. Однако в последние годы эти компании изменили тактику.

Нефтяные гиганты теперь позиционируют себя как союзников в борьбе с изменением климата, признавая роль, которую они сыграли в возникновении проблемы, инвестируя в возобновляемые источники энергии, чтобы компенсировать ущерб. Этот переход рекламируется как доказательство их приверженности смягчению последствий изменения климата. Например, такие компании, как Chevron и Shell, вкладывают значительные средства в технологии улавливания и хранения углерода, которые, как они утверждают, помогут сократить выбросы от ископаемого топлива. Хотя эти технологии обладают потенциалом, они также предоставляют удобный способ для отрасли ископаемого топлива сохранить свою основную бизнес-модель, одновременно представляясь частью решения.

Более того, индустрия ископаемого топлива также выиграла от политики в области изменения климата, которая благоприятствует рынкам торговли углеродом, позволяя им компенсировать свои выбросы, покупая кредиты у компаний, которые производят возобновляемую энергию. Это привело к ситуации, когда индустрия ископаемого топлива одновременно вносит вклад и получает прибыль от той самой политики, которая направлена на борьбу с изменением климата. Результатом является то, что, хотя индустрию поносили за ее вклад в глобальное потепление, она продолжает находить способы извлечь прибыль из зеленой повестки дня посредством своих инвестиций в возобновляемые источники энергии и своей роли на рынках углерода.

Влияние технологических гигантов, таких как Google, Microsoft и Amazon, на климатический дискурс

Такие технологические гиганты, как Google, Microsoft и Amazon, также сыграли огромную роль в дебатах об изменении климата. Эти компании обладают финансовой мощью, технологическим опытом и глобальным охватом, чтобы влиять на общественное мнение и формировать политику в области климата. Их участие в зеленой экономике — это не только экологическая ответственность, но и позиционирование себя как лидеров на следующем этапе экономического роста.

Для этих компаний соответствие концепции изменения климата имеет смысл. Google взяла на себя обязательство работать исключительно на возобновляемых источниках энергии, а Microsoft пообещала стать компанией с отрицательным уровнем выбросов углерода к 2030 году. Amazon также поставила амбициозные цели по сокращению своего углеродного следа, пообещав достичь нулевых выбросов к 2040 году. Хотя эти компании заслуживают похвалы за свою приверженность устойчивому развитию, важно признать, что их участие в зеленой экономике также обусловлено деловыми интересами.

Например, приверженность Amazon электрическим транспортным средствам доставки и ее инвестиции в инфраструктуру возобновляемой энергии идеально соответствуют ее бизнес-модели сокращения эксплуатационных расходов. Обширная глобальная цепочка поставок Amazon является крупным источником выбросов углерода, а переход на более чистые источники энергии помогает компании сократить долгосрочные эксплуатационные расходы. Между тем, разработка Google проектов в области возобновляемой энергии также укрепляет ее репутацию передовой компании, что помогает привлекать клиентов и инвесторов.

Однако роль технологических гигантов в обсуждении изменения климата не совсем бесспорна. Эти компании обладают огромной властью и влиянием не только в бизнесе, но и в формировании общественного мнения. Их поддержка зеленой политики может повлиять на общественное восприятие и подтолкнуть правительства к более амбициозным целям в области климата. В то же время эти компании также критически относятся к политике, которая может повлиять на их конечный результат, например, к предложениям по более строгим правилам или более высоким налогам на выбросы углерода. Это создает сложную динамику, в которой эти корпорации представляют себя защитниками климата, при этом обеспечивая соответствие своих действий более широким деловым интересам.

Когда мы снимаем слои корпоративного участия в зеленой повестке дня, становится ясно, что стремление к климатическим решениям обусловлено различными интересами. Зеленые технологии, возобновляемая энергия и климатическая политика предоставляют корпорациям возможность получать огромную прибыль, позиционируя себя как спасителей окружающей среды. Но за этим фасадом защиты окружающей среды лежит фундаментальный вопрос: действительно ли эти компании заинтересованы в решении климатического кризиса или они просто извлекают выгоду из проблемы, которая меняет мировые рынки? Ответ, как всегда, сложнее, чем кажется. Зеленая экономика — это больше, чем просто спасение планеты, — это использование экономических возможностей в меняющемся мире.

Роль политических элит в климатической политике

Дебаты об изменении климата переросли в глобальный разговор с участием правительств, научных сообществ, активистов и, в частности, политических элит. Эти элиты — отдельные лица и группы, занимающие руководящие должности, — не просто реагируют на климатический кризис; они активно формируют политику, направленную на его решение. Однако вопрос в том, обусловлено ли их участие подлинной заботой о планете или это стратегия продвижения собственных интересов и консолидации власти.

Идея о том, что мировые политические элиты используют проблему климата для продвижения своих планов, не нова. Поскольку изменение климата вышло на первый план глобальной повестки дня, некоторые влиятельные фигуры, фонды и политические лидеры ухватились за эту проблему как за средство для продвижения политики, которая на первый взгляд кажется направленной на экологическую устойчивость, но на практике часто служит для концентрации власти и богатства в их руках.

Как мировые элиты продвигают политику в области климата в своих интересах

За последние несколько десятилетий изменение климата стало центральной проблемой для политиков по всему миру. Срочность климатического кризиса в сочетании с глобальным характером проблемы привели к толчку к международному сотрудничеству и соглашениям, направленным на сокращение выбросов углерода. Но среди этих коллективных усилий реализуемая политика часто формируется самыми влиятельными фигурами в мире — теми, чье финансовое и политическое влияние позволяет им влиять на решения на самом высоком уровне.

Эти элиты играют важную роль в продвижении политики в области климата, которая соответствует их более широким стратегическим интересам, включая сохранение их богатства и власти. В конце концов, изменение климата обеспечивает идеальную платформу для введения новой политики, которую в противном случае было бы трудно принять. Будь то налоги на выбросы углерода, субсидии на зеленую энергию или регулирование промышленности, эти меры часто имеют далеко идущие экономические последствия. И хотя они могут звучать добродетельно — направлены на ограничение выбросов, продвижение возобновляемой энергии и защиту планеты — многие из тех же элит, которые продвигают эту политику, могут извлечь из нее финансовую выгоду.

Возьмем, к примеру, продвижение налогов на выбросы углерода. На первый взгляд, налог на выбросы углерода кажется простым и прямым способом ограничить выбросы путем наказания компаний, загрязняющих окружающую среду. Однако введение цен на выбросы углерода может иметь глубокие экономические последствия. Для крупных многонациональных корпораций, особенно в секторе возобновляемой энергии, налог на выбросы углерода может создать новые рыночные возможности. В то же время компаниям в традиционных энергетических секторах может быть сложно конкурировать. Такое перераспределение доли рынка, по сути, консолидирует мощь определенных отраслей, подрывая другие.

Аналогичным образом, поддерживаемые элитой политические рамки, такие как Зеленый Новый Курс в Соединенных Штатах, продвигают агрессивные инвестиции в возобновляемые источники энергии, инфраструктурные проекты и углеродно-нейтральные технологии. Хотя Зеленый Новый Курс обещает экономические выгоды с точки зрения создания рабочих мест, он также создает массовый приток государственных средств, направляемых в зеленые отрасли промышленности, многие из которых контролируются теми же элитами. Это открывает двери для крупных компаний для захвата доли рынка и, как следствие, богатства от поддерживаемых правительством инициатив. Поскольку эта политика продвигает переосмысление экономики, влияние элит, продвигающих ее вперед, становится неоспоримым.

Влияние богатых семей и отдельных лиц на решения, связанные с климатом

Не секрет, что богатые семьи и отдельные лица оказывают значительное влияние на политические решения, и климатическая политика не является исключением. Несколько сверхбогатых фигур, часто имеющих обширные связи как в политической, так и в корпоративной сферах, использовали свою власть, чтобы направить глобальные климатические инициативы к решениям, которые приносят им прямую пользу.

Например, такие личности, как Билл Гейтс и Уоррен Баффет, стали заметными голосами в дебатах об изменении климата. Гейтс, в частности, позиционировал себя как сторонника инноваций и технологических решений для глобального потепления. Через свою инвестиционную фирму Breakthrough Energy Ventures он вложил миллионы в стартапы в области чистой энергии и проекты, направленные на масштабирование решений в области возобновляемой энергии. Хотя инвестиции Гейтса в климатические инновации представляются как филантропические, они также служат созданию личного богатства Гейтса, помещая его в авангард зеленой экономики.

Уоррен Баффет также использовал свое огромное богатство и влияние в зеленой зоне. Благодаря своему владению Berkshire Hathaway Баффет сделал значительные инвестиции в компании ветровой и солнечной энергетики. Опять же, эти инвестиции, по-видимому, обусловлены обязательствами по защите окружающей среды, но они также позволяют Баффету извлекать выгоду из быстрого роста сектора зеленой энергетики.

Богатые элиты, такие как Гейтс и Баффет, не одиноки в использовании своего влияния для формирования политики по изменению климата. Братья Кох, посредством своих политических пожертвований и лоббистских усилий, исторически финансировали скептицизм в отношении изменения климата. Их финансовые интересы лежат в таких отраслях, как нефть и газ, где политика в отношении климата, например, налоги на выбросы углерода, может повлиять на прибыльность. Эти примеры подчеркивают способность богатых и влиятельных формировать повествование вокруг изменения климата, направляя его таким образом, чтобы максимизировать свои финансовые и политические интересы.

Стремление к созданию единого мирового правительства под предлогом борьбы с изменением климата

Одним из наиболее спорных аспектов глобальной политики в области климата является идея о том, что изменение климата дает возможность политическим элитам добиваться нового мирового порядка или, по крайней мере, новой модели глобального управления. Срочность решения проблемы изменения климата — особенно с учетом того, что становится все более очевидным, что ни одна страна не может решить эту проблему в одиночку — привела к призывам к более тесному международному сотрудничеству, и некоторые воспользовались этим как возможностью централизовать власть.

Сторонники подхода «единого мира» к решению проблемы изменения климата утверждают, что глобальные проблемы, такие как изменение климата, требуют единого глобального ответа. На практике это означало бы более сильные международные институты, более централизованный контроль над экологической политикой и большую координацию между странами по вопросам, связанным с климатом. Глобальные соглашения, такие как Парижское климатическое соглашение, направленное на ограничение глобального потепления значительно ниже 2°C, часто представляются как шаги к этой форме управления.

Однако идея единого мирового правительства под видом климатических действий не лишена своих критиков. Критики утверждают, что такая политика часто приводит к потере национального суверенитета, когда отдельные страны вынуждены соблюдать международные соглашения, которые могут не отвечать их собственным интересам. На практике глобальная структура управления климатическими действиями может подорвать автономию стран, особенно в развивающемся мире, поскольку им придется следовать климатическим нормам, к созданию которых они не имели отношения. Такая ситуация еще больше укрепит власть мировых элит, поскольку именно они, скорее всего, будут формировать политику, которая будет направлять реакцию мира на изменение климата.

По своей сути, стремление к созданию единого мирового правительства в контексте изменения климата связано с властью. Глобальные элиты, посредством своего контроля над финансовыми институтами, многонациональными корпорациями и международными организациями, могут выиграть от централизованной системы, которая еще больше укрепит их господство. Такое видение глобальной политической системы часто представляется как необходимый ответ на глобальную проблему, но оно также может служить интересам тех, кто уже находится у власти.

Роль частных фондов в формировании политики и идей в области климата

Частные фонды стали одной из самых влиятельных сил в формировании политики в области климата и нарративов вокруг нее. Эти организации, часто созданные состоятельными людьми или семьями, играют ключевую роль в финансировании исследований, лоббировании правительств и пропаганде действий по борьбе с изменением климата. Такие фонды, как Фонд Билла и Мелинды Гейтс, Фонд Рокфеллера и Фонд Хьюлетта, вложили значительные средства в инициативы, связанные с климатом, финансируя все: от проектов возобновляемой энергии до глобальной пропаганды изменения климата.

Эти фонды часто работают в тесном сотрудничестве с правительствами и международными институтами, создавая мощную сеть, которая влияет на политику в области климата во всем мире. Фонды могут работать способами, которые не могут правительства и политические структуры, что позволяет им финансировать инициативы, которые соответствуют их собственным интересам и ценностям. Например, участие Фонда Гейтса в разработке новых сельскохозяйственных технологий на Глобальном Юге касается не только борьбы с изменением климата; это также перестройка мирового сельского хозяйства способами, которые выгодны крупным корпорациям и инвесторам в биотехнологии, например, тем, кто заинтересован в генетически модифицированных организмах (ГМО).

Более того, частные фонды часто имеют ресурсы для проведения исследований, которые поддерживают их повестки дня. Благодаря партнерству с университетами, аналитическими центрами и исследовательскими институтами эти фонды могут финансировать исследования и предоставлять данные, которые подтверждают политику, которую они продвигают. Формируя исследовательскую повестку дня, они могут влиять на направление дискуссий по вопросам политики в области климата, гарантируя, что определенным решениям будет уделяться больше внимания, чем другим. Таким образом, частные фонды являются ключевыми игроками в управлении глобальной повесткой дня в области климата.

Способность частных фондов формировать политику и нарративы не ограничивается прямым финансовым влиянием, которым они обладают. Их сети влияния, включающие политиков, ученых, журналистов и активистов, позволяют им продвигать климатическую повестку дня, которая соответствует их более широким целям. Эта взаимосвязь между филантропией, политикой и бизнесом гарантирует, что глобальный климатический диалог не полностью открыт для публичных дебатов, а, напротив, в значительной степени формируется интересами немногих влиятельных лиц.

Таким образом, повестка дня по изменению климата заключается не только в спасении планеты. Она заключается в консолидации политической и экономической власти мировых элит, которые посредством своего влияния на политику, исследования и международные институты позиционируют себя на переднем крае глобальной экономической трансформации. Эти элиты используют проблему климата для оправдания политики, которая выгодна их финансовым и политическим целям, при этом представляя себя спасителями мира. Однако, по мере того, как раскрываются истинные движущие силы этой политики, становится ясно, что повествование об изменении климата касается не только спасения планеты — оно касается контроля над будущим мировой экономики.

Скрытые издержки глобальных климатических соглашений

В последние годы изменение климата стало краеугольным камнем глобальных политических дискуссий, и международные соглашения, такие как Парижское соглашение, были объявлены ключом к смягчению его последствий. Однако под поверхностью этих соглашений есть издержки — издержки, которые часто скрыты от глаз общественности, особенно когда речь идет об их экономических последствиях. Хотя Парижское соглашение позиционируется как международное решение климатического кризиса, его влияние на мировую экономику, особенно на бедные страны, нельзя игнорировать. Издержки, связанные с этими глобальными климатическими соглашениями, сложны, имеют далеко идущие последствия и во многих случаях непропорционально влияют на тех, кто меньше всего ответственен за эту проблему.

Парижское соглашение и его последствия для мировой экономики

Парижское соглашение, принятое в 2015 году, ознаменовало собой существенный сдвиг в глобальном подходе к изменению климата. Оно поставило амбициозную цель: ограничить глобальное потепление до уровня значительно ниже 2°C сверх доиндустриального уровня, с усилиями по его удержанию на уровне 1,5°C. С тех пор это соглашение стало золотым стандартом международной климатической политики, объединив почти все страны мира общей целью.

Однако экономические последствия этого соглашения глубоки и вызывают серьезные опасения относительно его жизнеспособности. Парижское соглашение не предписывает странам строгих целевых показателей выбросов. Вместо этого оно опирается на добровольные обязательства, известные как определяемые на национальном уровне взносы (NDC), которые не являются обязательными. Хотя гибкость этих обязательств может показаться привлекательной, она также затрудняет соблюдение соглашения и делает его менее эффективным в достижении заявленных целей.

Одним из ключевых элементов Парижского соглашения является стремление стран декарбонизировать свою экономику — перейти от ископаемого топлива к возобновляемым источникам энергии. Этот переход требует огромных инвестиций в инфраструктуру, технологии и человеческие ресурсы. В развитых странах этот переход часто представляется как возможность для инноваций и роста. Однако реальность такова, что переход к экономике с низким содержанием углерода сопряжен со значительными издержками. Эти издержки включают в себя более высокие цены на энергоносители, реструктурированный рынок труда и возросшую нагрузку на отрасли для достижения целевых показателей выбросов. Для некоторых экономик, особенно тех, которые в значительной степени зависят от ископаемого топлива, эти издержки могут быть катастрофическими.

В развивающихся странах, где экономические проблемы уже серьезны, эти расходы могут быть еще более обременительными. Хотя Парижское соглашение предлагает финансовую помощь и поддержку, чтобы помочь этим странам смягчить последствия изменения климата и адаптироваться к нему, реальность такова, что многим из этих стран не хватает инфраструктуры и ресурсов для выполнения своих обязательств. В результате они могут столкнуться с долгосрочными экономическими трудностями, пытаясь соответствовать мировым климатическим стандартам. Например, переход на возобновляемые источники энергии может оказаться дорогостоящим начинанием, которое обременит и без того ограниченные бюджеты, а отрасли, зависящие от ископаемого топлива, могут столкнуться с закрытием, потерей рабочих мест и социальными беспорядками.

Также важно рассмотреть более широкие экономические последствия успеха Парижского соглашения или его отсутствия. Если глобальное повышение температуры превысит 2°C, как показывают текущие тенденции, экономические издержки резко возрастут. Последствия изменения климата — повышение уровня моря, экстремальные погодные явления, дефицит продовольствия и воды — лягут тяжелым бременем на экономику по всему миру. Глобальная торговля, сельское хозяйство и цепочки поставок будут нарушены, что еще больше усугубит экономическое неравенство и подорвет усилия самого соглашения.

Как международные климатические соглашения непропорционально влияют на бедные страны

Непреднамеренные последствия международных климатических соглашений наиболее остро ощущаются в бедных странах. Эти страны, которые уже борются с бедностью, дефицитом инфраструктуры и политической нестабильностью, относятся к числу наименее ответственных за глобальные выбросы. Тем не менее, именно они столкнутся с основной тяжестью климатического кризиса. Парижское соглашение, хотя и направлено на поддержку этих стран посредством финансовой помощи и стратегий адаптации к изменению климата, также налагает на них значительные издержки, особенно когда речь идет об экономических и социальных аспектах реализации этих политик.

Во многих развивающихся странах проблема заключается не только в сокращении выбросов, но и в удовлетворении основных потребностей населения. Эти страны часто полагаются на углеродоемкие отрасли, такие как сельское хозяйство, горнодобывающая промышленность и производство, чтобы стимулировать экономический рост. Резкий отказ от этих отраслей, как того требует Парижское соглашение, может разрушить их экономику.

Возьмем в пример африканские страны, где большинство населения по-прежнему полагается на сельское хозяйство как для пропитания, так и для экономического развития. Для этих стран переход к экономике с низким уровнем выбросов углерода может означать потерю рабочих мест, средств к существованию и экономической стабильности. Более того, эти страны сталкиваются с ограниченным доступом к технологиям и финансовым ресурсам, необходимым для перехода на возобновляемые источники энергии, что ставит их в крайне невыгодное положение.

Развивающиеся страны также сталкиваются с бременем последствий изменения климата, которые не являются их результатом. Повышение уровня моря, экстремальные волны тепла и изменение погодных условий усугубят нищету и перемещение населения. Это создало несправедливую динамику, когда страны, наиболее пострадавшие от изменения климата, также являются теми, кто наименее способен к нему адаптироваться. Парижское соглашение пытается решить эту проблему путем создания механизмов финансирования климата, таких как Зеленый климатический фонд, который призван помочь развивающимся странам с расходами на смягчение последствий и адаптацию. Но, несмотря на обещания, эти средства медленно материализуются, а предоставляемая помощь часто недостаточна для удовлетворения потребностей этих стран.

Кроме того, многие развивающиеся страны имеют относительно небольшую экономику, а их уровень выбросов низок по сравнению с развитым миром. Они утверждают, что несправедливо ожидать, что они будут нести то же бремя, что и промышленно развитые страны, особенно учитывая, что исторические выбросы Запада в значительной степени ответственны за текущий климатический кризис. Парижское соглашение признает принцип «общей, но дифференцированной ответственности», признавая, что развитые страны должны нести большую часть бремени. Однако разрыв между обещаниями и фактическими обязательствами остается большим, и финансовые механизмы, созданные для поддержки этих стран, часто не оправдывают ожиданий.

Призыв к развитым странам платить за «ущерб» от изменения климата в развивающихся странах

Одним из самых спорных вопросов в глобальных климатических соглашениях является требование к развитым странам платить за климатический ущерб в развивающихся странах. Это часто называют «климатическими репарациями». Логика этого требования проста: поскольку развитый мир внес наибольший вклад в выбросы, вызывающие изменение климата, он должен взять на себя ответственность за помощь странам, наиболее пострадавшим от его последствий.

В основе этого аргумента лежит понятие справедливости. Развивающиеся страны утверждают, что они не внесли такого вклада в проблему, как индустриальные страны. Тем не менее, они непропорционально сильно страдают от последствий изменения климата, таких как засухи, наводнения и экстремальные погодные явления. Они считают, что более богатые страны справедливо вносят финансовый вклад в расходы по адаптации к этим изменениям.

Однако идея «климатических репараций» весьма спорна. Развитые страны, многие из которых уже сталкиваются со своими собственными экономическими проблемами, утверждают, что финансовое бремя изменения климата не должно ложиться исключительно на них. Они также указывают на необходимость экономического роста в развивающихся странах, который часто требует энергоемких отраслей и развития инфраструктуры.

Вопрос климатического финансирования — сколько денег должно быть выделено, кто должен их предоставить и как они должны быть распределены — является ключевым камнем преткновения в международных переговорах. Сумма денег, необходимая для устранения климатического ущерба, ошеломляет, и многие обещания, данные в рамках Парижского соглашения относительно финансовых взносов, не были выполнены. Отсутствие ощутимых действий привело к растущему разочарованию в развивающихся странах, которые считают, что их просят нести несправедливую долю бремени, получая при этом недостаточную поддержку.

Анализ успеха (или неудачи) международных климатических целей

Успех международных климатических целей, особенно тех, которые установлены в рамках Парижского соглашения, был встречен неоднозначными результатами. Хотя само соглашение рассматривается как знаковое достижение с точки зрения объединения стран под общим делом, фактическое влияние этих целей на сокращение глобальных выбросов остается неясным.

Цель ограничения глобального потепления до 1,5°C все больше выглядит недостижимой, поскольку многие страны с трудом достигают даже своих добровольных целей по сокращению выбросов. Согласно отчету Программы ООН по окружающей среде о разрыве в выбросах, текущие NDC ставят мир на путь повышения температуры примерно на 3°C к концу столетия. Этот значительный разрыв между целями, установленными правительствами, и фактическим сокращением выбросов, необходимым для этого, заставил многих усомниться в эффективности международных климатических соглашений в обеспечении значимых изменений.

Отсутствие механизмов принуждения в Парижском соглашении также представляет собой существенную проблему. Хотя страны добровольно взяли на себя обязательства по сокращению выбросов, никаких обязательных обязательств нет, а штрафы за несоблюдение не предусмотрены. Это позволило многим странам ставить амбициозные цели на бумаге, но не достичь их на практике. Отсутствие надежных механизмов принуждения и подотчетности привело к тому, что необходимые сокращения выбросов парниковых газов не были достигнуты.

Более того, медленный прогресс в области климатического финансирования, особенно для развивающихся стран, затруднил усилия по адаптации к изменению климата. По мере того, как последствия изменения климата становятся все более серьезными, срочность ситуации возрастает. Однако обещания, данные богатыми странами, предоставить финансовую помощь более бедным странам часто остаются невыполненными, в результате чего многие уязвимые страны с трудом справляются с растущими расходами на адаптацию к изменению климата.

Реальность такова, что международные климатические соглашения, хотя и были задуманы с благими намерениями, не смогли полностью решить масштабы климатического кризиса. Разрыв между амбициями и действиями, неравное распределение ресурсов и отсутствие политической воли для обеспечения осмысленной политики заставили многих усомниться в том, что глобальные климатические соглашения когда-либо смогут выполнить свои обещания. Несмотря на возвышенную риторику, экономические и социальные издержки этих соглашений становятся все более очевидными, а разрыв между развитым и развивающимся миром увеличивается. Изменение климата может быть глобальной проблемой, но решение далеко не универсальное.

Глава 6: Выход за рамки заговора: решения для реальных изменений

Сосредоточение внимания на адаптации, а не только на профилактике

В разговорах об изменении климата часто доминирует необходимость сокращения выбросов парниковых газов, ограничения глобального потепления и предотвращения наихудших последствий изменения климата. Но хотя эти цели, безусловно, важны, есть еще один важный аспект решения проблемы изменения климата, который часто упускается из виду: адаптация. Адаптация к изменению климата так же важна, если не больше, чем смягчение его последствий. Ошибочно рассматривать изменение климата исключительно как проблему, которую можно решить путем сокращения выбросов. Реальность такова, что мы уже испытываем последствия изменения климата, и эти последствия будут продолжать ухудшаться в ближайшие годы. Чтобы по-настоящему защитить сообщества и экосистемы, мы должны сосредоточиться на адаптации — нахождении способов жить с изменениями, которые уже происходят, и управлять ими.

Хотя смягчение последствий изменения климата по-прежнему должно быть приоритетом, важно признать, что предотвращение наихудших последствий изменения климата больше не является полным решением. Мир уже потеплел примерно на 1,1°C с доиндустриальной эпохи, и последствия этого потепления уже ощущаются в виде более частых и сильных засух, наводнений, волн тепла и штормов. Эти изменения будут продолжать разворачиваться независимо от того, насколько быстро мы сократим выбросы. Поэтому адаптация должна быть неотъемлемой частью нашего ответа на изменение климата.

Задача адаптации заключается не только в подготовке к будущему; она заключается в устранении уязвимостей, с которыми мы сталкиваемся прямо сейчас. Сообщества, которые наиболее уязвимы к последствиям изменения климата — находятся ли они в прибрежных районах, которым угрожает повышение уровня моря, или в сельских регионах, зависящих от сельского хозяйства — нуждаются в немедленных решениях. Этим сообществам требуется поддержка в повышении устойчивости к изменению климата, и большая часть этой поддержки может исходить от местных инициатив, инициированных сообществом.

Важность адаптации к изменению климата, а не сосредоточенность только на смягчении его последствий

Хотя усилия по смягчению последствий часто представляются как лучшее или единственное решение проблемы изменения климата, растет понимание того, что стратегии адаптации должны реализовываться параллельно с ними. Реальность такова, что одно лишь смягчение последствий не остановит разрушительные последствия изменения климата. Например, даже если бы мы немедленно прекратили выбросы парниковых газов, существующие уровни углекислого газа в атмосфере продолжали бы влиять на глобальную температуру в течение десятилетий. Изменение климата — это не та проблема, которую можно решить просто сокращением выбросов — для этого требуются комплексные долгосрочные стратегии, включающие как смягчение последствий, так и адаптацию.

Сосредоточение на адаптации особенно важно для развивающихся стран, которые часто наиболее уязвимы к изменению климата, но при этом имеют наименьшие ресурсы для преодоления его последствий. Эти страны могут не иметь инфраструктуры, технологий и финансового капитала, необходимых для значительного сокращения выбросов, но они все равно могут предпринять шаги для адаптации к изменениям, с которыми они уже сталкиваются. Сосредоточившись на адаптации, эти страны могут защитить свои сообщества, сохранить средства к существованию и снизить риски, связанные с климатическими катастрофами.

Также важно признать, что адаптация — это не просто подготовка к худшему сценарию. Речь идет о стратегических инвестициях в системы и инфраструктуру, которые могут выдержать неизбежные грядущие изменения. Например, строительство более крепких, более устойчивых городов и инфраструктуры может снизить экономические издержки катастроф, связанных с климатом. В сельском хозяйстве внедрение климатически-умных методов ведения сельского хозяйства может помочь фермерам выращивать продукты питания, даже если погодные условия станут более непредсказуемыми.

Адаптация не требует от нас полного отказа от решения проблемы изменения климата; она просто признает реальность того, что некоторые последствия изменения климата уже происходят, и нам нужно убедиться, что мы к ним готовы. Это может включать ряд стратегий, от улучшения систем раннего оповещения об экстремальных погодных явлениях до инвестирования в защиту от наводнений и устойчивые к климату культуры. Другими словами, адаптация заключается в создании будущего, в котором сообщества, экосистемы и экономики смогут процветать, несмотря на меняющийся климат.

Как устойчивое сельское хозяйство может стать мощным инструментом в борьбе с экологическим ущербом

Одним из самых мощных инструментов, которые у нас есть для адаптации к изменению климата, является устойчивое сельское хозяйство. Сельскохозяйственный сектор не только является ключевым фактором изменения климата — через выбросы парниковых газов в результате ведения сельского хозяйства, — но и является одним из самых уязвимых секторов, когда дело касается последствий изменения климата. Переход к устойчивым методам ведения сельского хозяйства может смягчить некоторые из самых серьезных экологических последствий и помочь повысить устойчивость к последствиям изменения климата.

Устойчивое сельское хозяйство охватывает широкий спектр практик, которые ставят во главу угла здоровье окружающей среды, экономическую жизнеспособность и социальную справедливость. Эти практики могут включать диверсификацию культур, агролесоводство, органическое земледелие, консервационную обработку почвы и водосберегающие ирригационные системы. Каждая из этих практик имеет потенциал для сокращения углеродного следа сельского хозяйства, улучшения здоровья почвы и повышения устойчивости сельскохозяйственных систем к изменению климата.

Например, агролесоводство — практика интеграции деревьев в сельскохозяйственные ландшафты — может оказать значительное влияние как на смягчение последствий изменения климата, так и на адаптацию. Деревья действуют как поглотители углерода, поглощая углекислый газ из атмосферы, а также улучшая плодородие почвы, уменьшая эрозию и сохраняя воду. Такой подход может помочь фермерам адаптироваться к меняющимся погодным условиям и повысить общую устойчивость их деятельности.

Аналогичным образом, диверсификация культур может помочь защитить фермеров от рисков изменения климата, гарантируя, что они не будут зависеть от одной культуры. Если одна культура не урожается из-за засухи или наводнения, наличие разнообразного ассортимента культур может помочь обеспечить продовольственную безопасность. Во многих регионах внедрение засухоустойчивых культур и сортов, которые процветают в меняющихся условиях, может предоставить фермерам инструменты, необходимые им для того, чтобы выдерживать все более непредсказуемые погодные условия.

Устойчивое сельское хозяйство также уделяет большое внимание здоровью почвы. Здоровые почвы имеют важное значение для поддержания производительности сельскохозяйственных систем, особенно в условиях изменения характера осадков и экстремальных температур. Такие методы, как севооборот, покровное земледелие и сокращенная обработка почвы, могут помочь сохранить и улучшить здоровье почвы, делая сельскохозяйственные культуры более устойчивыми к засухам и наводнениям.

Роль водосбережения и управления почвой в адаптации к экстремальным климатическим явлениям

Дефицит воды является одной из самых острых проблем, вызванных изменением климата, особенно в регионах, уже испытывающих дефицит воды. По мере повышения температуры и неустойчивости погодных условий доступность пресноводных ресурсов станет еще более непредсказуемой. В этом контексте сохранение воды имеет важное значение для обеспечения того, чтобы сообщества и сельскохозяйственные системы имели доступ к необходимым им ресурсам.

Эффективные методы управления водными ресурсами, такие как сбор дождевой воды, капельное орошение и использование засухоустойчивых культур, могут помочь сообществам и фермерам адаптироваться к изменяющимся условиям. Например, сбор дождевой воды позволяет отдельным лицам и сообществам собирать и хранить воду в периоды дождей, делая ее доступной для использования в засушливые периоды. В сельскохозяйственных системах системы капельного орошения позволяют фермерам использовать воду более эффективно, сокращая отходы и гарантируя, что культуры получат необходимое количество воды.

Управление почвой также имеет решающее значение для адаптации к экстремальным климатическим явлениям. Как упоминалось ранее, здоровые почвы необходимы для поддержания производства продовольствия, особенно в условиях засух и наводнений. Методы управления почвой, такие как мульчирование, покровное земледелие и использование органических удобрений, могут помочь улучшить структуру почвы, повысить удержание воды и снизить риск эрозии.

Сосредоточившись на сохранении воды и управлении почвой, сообщества и фермеры могут повысить устойчивость к изменению климата и снизить свою зависимость от внешних источников воды и помощи. Эти методы также могут повысить общую устойчивость сельскохозяйственных систем, позволяя им продолжать обеспечивать продовольствие, доход и средства к существованию, несмотря на проблемы, вызванные изменением климата.

Как локальные решения могут обеспечить более практичные и немедленные действия по борьбе с изменением климата

Хотя крупномасштабные климатические политики и международные соглашения важны, локальные решения часто обеспечивают наиболее практичные и немедленные действия, когда дело доходит до адаптации к изменению климата. Местные сообщества имеют глубокие знания о своей среде и проблемах, с которыми они сталкиваются, что делает их уникальными для разработки и внедрения решений, которые работают в их конкретном контексте.

Местные решения могут принимать различные формы: от программ готовности к стихийным бедствиям на уровне общин до разработки местных возобновляемых источников энергии. Во многих случаях местные общины уже берут на себя инициативу в решении проблемы изменения климата, будь то посредством низовых экологических инициатив или принятия устойчивых методов ведения сельского хозяйства.

Например, в некоторых частях Африки фермеры разработали инновационные методы экономии воды, такие как строительство небольших резервуаров для сбора дождевой воды, которая затем используется для орошения. В Южной Азии общины в районах, подверженных наводнениям, разработали системы раннего оповещения, которые используют местные знания для прогнозирования наводнений и подготовки к ним заранее. Эти местные решения часто более эффективны, чем политика сверху вниз, поскольку они адаптированы к конкретным потребностям и реалиям общин, которым они служат.

Локальные решения также могут способствовать формированию чувства собственности и расширения прав и возможностей, что необходимо для долгосрочного успеха. Когда сообщества активно участвуют в разработке и реализации стратегий адаптации к изменению климата, они с большей вероятностью примут эти изменения и возьмут на себя ответственность за свой успех. Такого рода действия на низовом уровне не только помогают повысить устойчивость к изменению климата, но и укрепляют социальную сплоченность и создают возможности для экономического развития.

В этом смысле адаптация — это не просто ответ на изменение климата, это трансформация того, как мы живем и работаем. Сосредоточившись на местных решениях и инициативах, инициированных сообществом, мы можем создать более устойчивые, стойкие и справедливые общества, которые лучше подготовлены к решению проблем меняющегося климата.

Возобновляемая энергия

Когда мы говорим о будущем устойчивой энергетики, возобновляемая энергия часто изображается как серебряная пуля, которая позволит нам устранить нашу зависимость от ископаемого топлива, одновременно сокращая выбросы углерода. Солнечная, ветровая и гидроэлектроэнергия широко рекламируются как окончательное решение наших энергетических проблем, обещая обильную, чистую энергию, которая может удовлетворить постоянно растущий мировой спрос. Но хотя эти технологии и являются многообещающими, существуют значительные проблемы, которые необходимо решить, прежде чем мы сможем с уверенностью утверждать, что возобновляемые источники энергии могут обеспечить мир устойчивым способом. Пришло время более подробно рассмотреть осуществимость возобновляемой энергии, особенно если учесть скрытые затраты и потенциальные компромиссы.

Критический взгляд на возможность использования возобновляемых источников энергии для обеспечения мира электроэнергией

На первый взгляд, технологии возобновляемой энергии кажутся идеальным решением для мировых энергетических потребностей. Они обещают сократить выбросы парниковых газов, создать рабочие места и обеспечить энергетическую безопасность за счет децентрализованной, локальной энергии. Однако осуществимость перехода мировой энергетической сети на полную опору на возобновляемые источники энергии далека от гарантированной.

Основная проблема возобновляемой энергии заключается в ее непостоянстве. Ветровая и солнечная энергия зависят от погодных условий, которые могут сильно колебаться. Солнце не всегда светит, а ветер не всегда дует. В результате количество энергии, вырабатываемой солнечными панелями и ветряными турбинами, может меняться от часа к часу и от сезона к сезону. Это создает значительные проблемы для операторов сетей, которые должны обеспечивать постоянную и надежную подачу электроэнергии.

Хотя технологии хранения энергии в аккумуляторах совершенствуются, они по-прежнему сталкиваются со значительными препятствиями с точки зрения стоимости, эффективности и масштаба. Крупногабаритные аккумуляторы, способные хранить достаточно энергии, чтобы заменить электростанции на ископаемом топливе в периоды низкой генерации, по-прежнему непомерно дороги. Пока технологии хранения не будут масштабированы для удовлетворения потребностей полностью возобновляемой сети, мы будем по-прежнему зависеть от резервных источников энергии, таких как природный газ или атомная энергия, чтобы заполнить пробелы.

Кроме того, отсутствует текущая инфраструктура, необходимая для поддержки возобновляемой энергии в глобальном масштабе. Большая часть мировой электросети была спроектирована для централизованной генерации электроэнергии, где крупные угольные, газовые или атомные электростанции поставляют энергию в сеть потребителей. Переход к распределенной модели, где миллионы домов и предприятий производят и потребляют возобновляемую энергию, представляет собой логистические и технические проблемы. Модернизация сети для учета децентрализованной природы возобновляемой энергии потребует огромных инвестиций, как с точки зрения денег, так и времени.

Влияние добычи редкоземельных металлов на окружающую среду, используемых в возобновляемых источниках энергии

Другим часто упускаемым из виду аспектом возобновляемой энергии является воздействие на окружающую среду материалов, необходимых для производства возобновляемых технологий. Солнечные панели, ветряные турбины и аккумуляторы электромобилей требуют значительного количества редкоземельных металлов и других критических материалов, таких как литий, кобальт и никель. Эти материалы необходимы для производства высокопроизводительных батарей, магнитов для ветряных турбин и фотоэлектрических ячеек для солнечных панелей.

Добыча этих материалов сопряжена с собственным набором проблем, связанных с охраной окружающей среды и правами человека. Например, добыча лития часто включает крупномасштабные горнодобывающие операции, требующие огромного количества воды, загрязняющие местные водные источники и наносящие ущерб окружающим экосистемам. Аналогичным образом, добыча кобальта, который жизненно важен для аккумуляторов электромобилей, была связана с нарушениями прав человека, при этом многие рабочие в Демократической Республике Конго (крупнейший в мире производитель кобальта) сталкиваются с небезопасными условиями труда и даже с детским трудом.

Хотя эти экологические последствия хорошо документированы, разговоры об экологической стоимости возобновляемой энергии часто упускают из виду эти реалии. Так же, как добыча ископаемого топлива наносит вред окружающей среде, добыча редкоземельных металлов и производство технологий возобновляемой энергии также могут оставлять значительный экологический след. Это поднимает вопрос: действительно ли возобновляемая энергия настолько чиста, как ее представляют?

Более того, ожидается, что спрос на эти материалы будет расти экспоненциально, поскольку мир переходит на электромобили, солнечную энергию и энергию ветра. Этот рост спроса окажет дополнительное давление на горнодобывающую промышленность, увеличивая вероятность ухудшения состояния окружающей среды и социальных конфликтов в богатых ресурсами регионах. Вопрос в том, приведет ли глобальный толчок к возобновляемым источникам энергии к новой форме эксплуатации окружающей среды и человека.

Как технологические инновации могут сделать возобновляемую энергетику более эффективной и менее инвазивной

Несмотря на трудности, технологические инновации являются ключом к повышению эффективности и уменьшению инвазивности возобновляемой энергии. Достижения в области хранения энергии, технологий интеллектуальных сетей и управления ресурсами могут значительно повысить эффективность систем возобновляемой энергии и смягчить некоторые экологические и логистические проблемы, связанные с ними.

Технология хранения энергии является одной из самых перспективных областей для инноваций. В то время как литий-ионные батареи доминируют на рынке сегодня, исследователи изучают альтернативы, которые могли бы быть дешевле, более распространенными и более эффективными. Например, твердотельные батареи, которые используют твердый электролит вместо жидкого электролита, который используется в обычных батареях, имеют потенциал для обеспечения гораздо более высокой плотности энергии и более безопасны в использовании. Другие технологии, такие как проточные батареи и хранение энергии сжатым воздухом, также изучаются как жизнеспособные альтернативы традиционному хранению батарей.

Помимо лучших решений для хранения, разработка более эффективных солнечных панелей и ветряных турбин может помочь сократить количество материала, необходимого для выработки энергии. Перовскитные солнечные элементы, например, являются новым типом фотоэлектрического материала, который может быть намного дешевле и эффективнее, чем солнечные панели на основе кремния. Аналогичным образом, новые конструкции ветряных турбин, такие как турбины с вертикальной осью, могут сделать их более подходящими для городской среды и снизить их воздействие на дикую природу.

Кроме того, инновации в управлении сетями, такие как системы реагирования на спрос и искусственный интеллект (ИИ) для распределения энергии, могут помочь сделать возобновляемую энергию более надежной и отзывчивой. ИИ может оптимизировать баланс между производством и потреблением энергии, прогнозируя спрос и регулируя поток электроэнергии в режиме реального времени. Это позволит операторам сетей более эффективно управлять возобновляемыми источниками энергии, компенсируя периоды низкой генерации и предотвращая отключения электроэнергии.

Хотя мы все еще сталкиваемся со многими технологическими препятствиями в повышении эффективности возобновляемой энергии, продолжающиеся достижения в области технологий чистой энергии дают основания для оптимизма. Сектор возобновляемой энергии является одной из самых быстрорастущих отраслей в мире, и по мере дальнейшего технологического прогресса многие из проблем, которые в настоящее время связаны с возобновляемой энергией, могут быть смягчены.

Роль ядерной энергии в устойчивом энергетическом будущем

Хотя возобновляемые источники энергии, такие как ветер, солнце и гидроэнергетика, имеют большие перспективы, их самих по себе вряд ли будет достаточно для удовлетворения растущих мировых потребностей в энергии. Одним из часто упускаемых из виду решений является ядерная энергия, которая долгое время была предметом дебатов из-за проблем с безопасностью, утилизацией отходов и стоимостью. Однако по мере того, как мы переходим к низкоуглеродному энергетическому будущему, ядерная энергия может сыграть решающую роль в сокращении выбросов парниковых газов, обеспечивая при этом надежную и постоянную подачу электроэнергии.

Ядерная энергия не является прерывистой, как энергия ветра или солнца — она производит постоянный, надежный выход электроэнергии, независимо от погодных условий. Это делает ее идеальным дополнением к возобновляемым источникам энергии, заполняя пробелы, когда энергия ветра и солнца недоступна. Фактически, многие эксперты утверждают, что будущее возобновляемой энергии будет зависеть от ядерной энергии, которая будет обеспечивать базовую нагрузку, в то время как ветер и солнце будут обеспечивать дополнительную генерацию.

Современные ядерные реакторы также намного безопаснее и эффективнее реакторов, которые использовались в прошлом. Достижения в области проектирования реакторов, такие как малые модульные реакторы (ММР), предлагают более гибкое и экономически эффективное решение для производства энергии. ММР — это меньшие, более управляемые блоки, которые можно строить на заводах и отправлять в места, где они нужны. Они также производят значительно меньше ядерных отходов, чем старые конструкции, что делает их более безопасным и экологически чистым вариантом.

Ядерная энергия также имеет гораздо меньший экологический след по сравнению с ископаемым топливом. Она генерирует огромное количество энергии без выбросов парниковых газов, а ущерб окружающей среде, наносимый добычей урана, намного меньше, чем ущерб, наносимый добычей угля или нефти. Хотя отходы атомных электростанций остаются проблемой, разрабатываются новые технологии, такие как ядерная переработка и усовершенствованные топливные циклы, чтобы сделать ядерные отходы более безопасными и более управляемыми.

Проблема ядерной энергетики заключается не в ее технической осуществимости, а в ее общественном восприятии. Призрак прошлых ядерных катастроф, таких как Чернобыль и Фукусима, маячит в общественном воображении, заставляя правительства и промышленность не спешить инвестировать в ядерную энергетику. Однако потребность в надежном, низкоуглеродном источнике энергии перед лицом изменения климата может в конечном итоге заставить пересмотреть роль ядерной энергетики в мировом энергетическом балансе.

По мере того, как мы переходим к низкоуглеродному, устойчивому энергетическому будущему, технологии возобновляемой энергии обладают огромным потенциалом. Однако они не являются панацеей, и мы должны признать связанные с этим проблемы и компромиссы. Переосмыслив осуществимость возобновляемой энергии и обратившись к экологическим издержкам производства, мы можем работать над созданием энергетической системы, которая будет по-настоящему устойчивой, как с точки зрения воздействия на окружающую среду, так и долгосрочной жизнеспособности.

Технологические инновации, от более эффективных решений по хранению до более интеллектуальных сетей, будут играть ключевую роль в решении этих проблем. В то же время мы должны также рассмотреть роль ядерной энергии как части решения наших энергетических потребностей. Только приняв диверсифицированный, прагматичный подход к производству энергии, мы сможем построить устойчивое будущее, которое будет отвечать потребностям растущего населения мира, одновременно снижая наше воздействие на планету.

Расширение прав и возможностей общественности

По мере того, как глобальные разговоры об изменении климата становятся все более интенсивными, остается один ключевой вопрос: какую роль могут играть отдельные лица и местные сообщества в борьбе с разрушением окружающей среды? Мы часто слышим о важности государственной политики и международных соглашений, но правда в том, что реальные, долгосрочные изменения в конечном итоге будут зависеть от децентрализованных действий. Правительства и крупные учреждения могут сделать лишь ограниченное количество, и хотя они играют решающую роль в создании рамок для действий, бремя ответственности в конечном итоге ложится на отдельных лиц, сообщество и бизнес-сектор. Фактически, децентрализованные действия могут стать ключом как к разрешению кризиса, так и к достижению долгосрочных экологических изменений.

Как отдельные лица и сообщества могут принять меры по сокращению своего углеродного следа

Отправной точкой этого пути является отдельный человек. Хотя правительства и предприятия обладают масштабными возможностями для реализации климатической политики, индивидуальные действия также играют значительную роль в формировании экологических результатов. У каждого из нас есть личный углеродный след — общее количество парниковых газов, выбрасываемых в атмосферу в результате наших ежедневных действий, — и сокращение этого следа может оказать глубокое влияние на климатический кризис.

Один из самых простых, но наиболее эффективных способов, с помощью которых люди могут сократить свой углеродный след, — это потребление энергии. Например, переход на возобновляемые источники энергии для домашнего электричества, будь то солнечные батареи или выбор поставщика зеленой энергии, может значительно сократить выбросы углерода. По данным Агентства по охране окружающей среды США (EPA), среднестатистическое американское домохозяйство может сэкономить более 1500 фунтов углекислого газа в год, используя солнечную энергию вместо ископаемого топлива.

Помимо энергетики, транспорт — это еще одна область, где люди могут внести значительный вклад. Используя более устойчивые методы передвижения, такие как использование общественного транспорта, езда на велосипеде, ходьба пешком или вождение электромобилей (ЭМ), люди вносят вклад в сокращение выбросов в одном из крупнейших секторов загрязнения углерода — транспорте. По оценкам, переход на электромобиль может сократить выбросы до 4,6 тонн углекислого газа в год по сравнению с обычным автомобилем.

Однако сокращение нашего углеродного следа выходит за рамки только транспорта и энергии. Наш выбор продуктов питания оказывает не менее важное влияние на окружающую среду. Производство продуктов питания, особенно мяса, отвечает за значительную часть глобальных выбросов парниковых газов. Приняв более растительную диету или просто сократив потребление мяса, люди могут напрямую уменьшить экологический ущерб, связанный с производством продуктов питания. Журнал Global Environmental Change отмечает, что переход на растительную диету является одним из наиболее эффективных способов снижения воздействия на окружающую среду, учитывая, что на производство мяса и молочных продуктов приходится примерно 14,5% мировых выбросов парниковых газов.

Влияние нашего выбора выходит за рамки того, что мы потребляем. Продукты, которые мы покупаем, как мы утилизируем отходы, и даже тип одежды, которую мы носим, — все это вносит свой вклад в общее количество выбрасываемого нами углерода. Например, сокращение потребления пластика, покупка товаров местного производства и поддержка устойчивых брендов — все это помогает сократить отходы и выбросы. Старая поговорка «сокращай, повторно используй, перерабатывай» звучит как никогда актуально, когда речь идет о нашей ответственности перед планетой.

Хотя индивидуальные действия важны, есть критически важный компонент, который нельзя упускать из виду: роль сообществ в продвижении изменений. Местный активизм и низовые движения имеют важное значение в формировании политики, которая приносит пользу окружающей среде. Сообщества по всему миру продвигают инициативы — от кооперативов возобновляемой энергии до местных программ нулевых отходов — которые демонстрируют силу децентрализованных действий. Простой акт объединения района для организации программы переработки или местной инициативы по посадке деревьев может иметь волновой эффект, вдохновляя других последовать примеру.

Важность местного активизма в формировании национальной политики

Когда дело доходит до стимулирования экологических изменений, местный активизм играет жизненно важную роль в формировании национальной политики. В то время как международные соглашения, такие как Парижское климатическое соглашение, обеспечивают важные рамки, местные движения часто выступают в качестве катализаторов более масштабных изменений. Активизм на местном уровне оказывает давление на национальные правительства, заставляя их действовать, демонстрируя, что существует общественный спрос на более сильную экологическую политику.

Как утверждает Билл Маккиббен, основатель 350.org, «Индустрия ископаемого топлива давно знает, что будущее нашей планеты зависит от решений, принимаемых на местном уровне». Это утверждение справедливо. Местный активизм может усилить голоса тех, кто больше всего страдает от изменения климата — тех, кто живет в сообществах, уязвимых к повышению уровня моря, экстремальным погодным условиям и загрязнению. Эти группы часто имеют самые сильные мотивы для того, чтобы подталкивать к действию, и когда они объединяются, они создают мощную силу для перемен.

Возьмем, к примеру, местные кампании по отказу от ископаемого топлива, например, ту, которую возглавили студенческие группы в Соединенных Штатах. Со временем эти движения набирали обороты, в конечном итоге повлияв на крупные университеты, пенсионные фонды и города, заставив их отозвать свои инвестиции из компаний, занимающихся ископаемым топливом. Этот сдвиг в инвестиционных моделях заставил политиков и руководителей корпораций пересмотреть экономическую целесообразность продолжения поддержки ископаемого топлива, тем самым подтолкнув национальную политику в более зеленом направлении.

Местный активизм также способствует инновациям в экологических решениях. У сообществ есть преимущество быть ближе к текущим проблемам. В результате они могут экспериментировать с креативными, контекстно-специфическими решениями, которые могут быть не сразу очевидны для более крупных органов управления. Затем эти решения можно тиражировать в другом месте, масштабируясь с местного уровня на национальный и даже международный.

Кроме того, когда граждане выступают за экологическую политику на местном уровне, они поощряют культурный сдвиг в сторону более устойчивых практик. Рассмотрим рост «зеленых» городов, где городской дизайн ставит во главу угла экологическую устойчивость посредством зеленых крыш, общественных зданий на солнечных батареях и инфраструктуры, благоприятной для велосипедистов. Такие города, как Копенгаген и Ванкувер, являются образцовыми в этом отношении, где местная политика соответствует экологическому сознанию, показывая миру, что возможно, когда сообщества берут на себя ответственность за свое климатическое будущее.

Предоставление компаниям возможности внедрять экологически чистые методы без опоры на правительственные предписания

Бизнес играет решающую роль в борьбе с изменением климата. Часто компании рассматриваются как часть проблемы — загрязняющие отрасли, которые являются причиной большей части выбросов углерода, с которыми мы сталкиваемся сегодня. Но бизнес также находится в уникальном положении, чтобы быть частью решения. Хотя правительственные распоряжения, постановления и стимулы могут способствовать изменению политики, бизнесу не нужно ждать, пока эти директивы начнут приносить пользу.

Компании все больше осознают, что принятие экологически чистых практик приносит пользу не только окружающей среде, но и их прибыли. Потребители, особенно молодое поколение, все чаще выбирают поддержку предприятий, которые являются экологически ответственными. Отчет Nielsen за 2020 год показал, что 73% потребителей готовы платить больше за экологически чистые продукты. В ответ на этот спрос компании инвестируют в возобновляемые источники энергии, устойчивые источники, программы сокращения отходов и инициативы по компенсации выбросов углерода.

Некоторые компании выходят за рамки простого внедрения устойчивых методов в своей деятельности. Они подают пример, подталкивая свою отрасль к принятию зеленых стандартов. Такие компании, как Patagonia, Tesla и Unilever, использовали свои платформы для отстаивания устойчивости, как путем улучшения своих экологических методов, так и путем влияния на поставщиков и конкурентов, чтобы они последовали их примеру. Этот подход «отраслевого лидерства» особенно эффективен в отраслях, где инновации и конкуренция являются движущей силой прогресса, таких как технологии, мода и потребительские товары.

Предприятия также внедряют зеленые технологии, которые сокращают их углеродный след. Солнечные панели, энергосберегающее освещение, электромобили и методы производства с нулевыми отходами — вот лишь несколько примеров того, как предприятия могут сократить свое воздействие на окружающую среду. Многие компании обнаруживают, что внедрение зеленых технологий не только снижает выбросы, но и экономит деньги в долгосрочной перспективе за счет снижения затрат на электроэнергию и расходов на управление отходами.

Однако критически важно то, что эти изменения происходят не потому, что бизнес вынужден это делать. Они происходят, потому что бизнес осознает, что устойчивость — это не просто этический выбор, это также экономическая возможность. Сделав устойчивые практики частью своих бизнес-моделей, компании могут открыть новые источники дохода, улучшить свою репутацию и привлечь лояльных клиентов.

Почему личная ответственность и образование являются ключами к долгосрочным изменениям окружающей среды

Возможно, наиболее значимой движущей силой долгосрочных изменений окружающей среды является сила личной ответственности и образования. Каждый человек имеет возможность делать выбор, который положительно влияет на окружающую среду. Но для того, чтобы сделать этот выбор, люди должны понимать последствия своих действий и иметь возможность принимать обоснованные решения.

Образование об изменении климата должно выходить за рамки простого понимания науки; оно также должно подчеркивать практические действия, которые люди могут предпринять для снижения своего воздействия на окружающую среду. Школы, средства массовой информации и сообщества могут помочь, предоставляя людям знания и инструменты, необходимые для принятия устойчивых решений. Главное — сделать эту информацию доступной, действенной и увлекательной.

Как однажды сказала известная защитница окружающей среды Вангари Маатаи: «Это мелочи, которые делают граждане. Вот что будет иметь значение. Мое маленькое дело — сажать деревья». Эта цитата воплощает идею о том, что изменения начинаются с отдельного человека. Когда люди наделены знаниями, они делают выбор, который уменьшает их углеродный след, будь то потребление энергии, транспорт или выбор продуктов питания.

Образование также выходит за рамки отдельных лиц, охватывая предприятия и сообщества. Развивая культуру устойчивости и поощряя сотрудничество между отдельными лицами, предприятиями и государственными структурами, мы можем создать мир, в котором экологическая ответственность будет не обузой, а образом жизни.

В конце концов, реальные действия по борьбе с изменением климата начинаются с отдельных людей и местных сообществ. Когда люди понимают срочность проблемы, чувствуют себя способными действовать и признают свою способность к переменам, коллективное воздействие может быть монументальным. Децентрализованные действия не просто дополняют политику правительства — они могут привести к преобразующим изменениям, которые нам нужны для защиты нашей планеты.

Заключение

Всепоглощающее чувство срочности, которое окружает климатический кризис, касается не только повышения температуры или таяния ледяных шапок. Оно касается систем, которые мы построили, экономических структур, которые мы нормализовали, и менталитетов, которых мы придерживались слишком долго. По своей сути этот кризис касается власти — кто ею владеет, кто может решать и кто платит цену. Легко сидеть сложа руки и позволять заголовкам диктовать ход наших мыслей, но мы не можем позволить себе игнорировать более глубокие силы, которые в игре. Как однажды сказал великий Альберт Эйнштейн: «Мы не можем решить наши проблемы с тем же мышлением, которое мы использовали, когда создавали их».

И все же доминирующее повествование об изменении климата в значительной степени следует той же схеме: правительства, корпорации и международные организации продвигают решения, которые не устраняют первопричины. Как мы видели на примере роста налогов на углерод, «зеленых» технологий и глобальных климатических соглашений, слишком часто внимание уделялось косметическим исправлениям, в то время как истинные, системные проблемы — неравенство, корпоративная жадность и политическая манипуляция — остаются нерешенными. Это центральный парадокс нашего века: нам говорят бороться с изменением климата с помощью механизмов, которые во многом увековечивают те самые системы, которые его создали.

Возьмите Парижское соглашение. Хотя его и провозгласили новаторским международным пактом, оно не смогло обеспечить те значимые изменения, в которых нуждается мир. На данный момент обещания стран-участниц далеки от сокращения выбросов, необходимого для предотвращения катастрофического потепления. Истинная стоимость этих соглашений ложится тяжелее всего на беднейшие страны, те самые, которые меньше всего ответственны за ущерб. Фактически, они часто вынуждены платить за действия самых богатых стран, которые продолжают извлекать ресурсы из планеты неустойчивыми темпами. Речь уже идет не только о выбросах углерода; речь идет о том, кто контролирует повествование и кто может решать судьбу целых стран.

И все же, посреди всего этого, есть надежда. Она заключается в людях, которые отказываются верить в риторику корпоративных и политических элит. Она находится в сообществах, которые решают взять дело в свои руки, принимать сложные решения о том, что они потребляют, как они живут и как они организуют свою жизнь по отношению к планете. Реальные изменения не происходят сверху вниз; они происходят снизу вверх. Они начинаются с человека, семьи, района и сообщества. Именно через децентрализованные действия мы увидим действительно устойчивый и справедливый мир.

Я надеюсь, что послание найдет отклик у вас: мы не должны быть пассивными наблюдателями в этом кризисе. Каждый из нас имеет силу изменить мир вокруг нас, создать решения, которые не только эффективны, но и справедливы. Мы те, кто решает, какое будущее мы хотим для себя и наших детей. И в наших коллективных силах выйти за рамки простых повествований, которые сформировали этот кризис, увидеть его таким, какой он есть на самом деле — системной проблемой, которая требует системных решений.

Вот где роль личной ответственности становится существенной. Никто не застрахован от последствий этого кризиса, и никто не должен быть исключен из решений. От того, как мы потребляем энергию, как мы закупаем продукты питания, до предприятий, которые мы поддерживаем, — каждое наше решение имеет влияние. Но дело не только в индивидуальном выборе. Речь идет о сдвиге более широкого культурного мышления в сторону устойчивости, извлечении уроков из сообществ, которые уже нашли работающие решения, и продвижении значимых системных изменений.

Недостатка в решениях нет. Будь то инвестирование в децентрализованные энергетические системы, внедрение сельского хозяйства под руководством сообщества или поддержка отраслей, которые отдают приоритет устойчивости, возможности огромны. Но они не будут реализованы случайно. Они требуют, чтобы мы оставались бдительными, активными и сплоченными. Они требуют, чтобы мы бросили вызов статус-кво и подвергли сомнению нарративы, которыми нас пичкали на протяжении поколений. И самое главное, они требуют, чтобы мы оставались сосредоточенными на истинном значении устойчивости: мире, где все могут процветать, а не только привилегированные немногие.

Легко потеряться в шуме, поверить, что проблема настолько велика, настолько непреодолима, что мы, как личности, бессильны. Но история полна примеров людей, которые отказывались принять эту историю. Вспомните Махатму Ганди, который возглавил движение не силой, а исключительно силой своей воли и убежденностью. Или Мартина Лютера Кинга-младшего, который столкнулся с целой системой несправедливости, имея только веру в лучшее будущее. Это были люди, которые понимали силу коллективных действий и важность отстаивания того, что правильно, какими бы устрашающими ни были шансы.

Мы находимся на похожем перепутье. Действия, которые мы предпринимаем сегодня, определят, оставим ли мы пригодный для жизни мир будущим поколениям. Мы уже увидели силу децентрализованных действий через такие движения, как #FridaysForFuture, инициированные Гретой Тунберг, или растущие низовые инициативы, выступающие за экологическую справедливость. Правда в том, что климатический кризис — это не просто экологическая проблема, это проблема социальной справедливости, проблема прав человека и экономическая проблема. Люди, больше всего пострадавшие от изменения климата — те, кто живет в беднейших странах, маргинализированных общинах и коренном населении — меньше всего ответственны за разрушения. И именно в их голосах, их лидерстве появятся реальные решения.

Будущее нашей планеты не высечено на камне. У нас все еще есть возможность изменить курс. Но это изменение требует действий. Оно требует, чтобы мы не просто говорили о решениях, но и реализовывали их в масштабах, достаточно больших, чтобы иметь значение. Климатический кризис — это не отдаленная проблема, это существующая реальность. И наш ответ должен соответствовать срочности момента.

Верно, что глобальные системы должны меняться, чтобы обеспечить устойчивое будущее. Но также верно, что эти изменения должны исходить изнутри, от людей, которые населяют эти системы. Переход от экономики, основанной на ископаемом топливе, к экономике, которая ценит устойчивость, справедливость и стойкость, не произойдет в одночасье. Это займет время и потребует усилий. Но первый шаг — это признание силы индивидуальных и коллективных действий. Это принятие того факта, что реальные изменения начинаются не с правительств или корпораций, а с таких людей, как вы, — тех, кто готов делать трудный выбор, бросать вызов статус-кво и отстаивать справедливый, устойчивый и процветающий мир.

Климатический кризис — это не изолированная проблема. Он связан со всеми другими проблемами, с которыми мы сталкиваемся, от бедности и неравенства до экономической нестабильности и кризисов в области здравоохранения. Это отражение систем, которые мы построили, и сделанного нами выбора. И это призыв к действию для каждого из нас, призыв взять на себя ответственность, обучаться и вносить изменения, необходимые для устойчивого будущего.

Как сказала известная защитница окружающей среды Вангари Маатаи: «Это мелочи, которые делают граждане. Вот что будет иметь значение. Мое маленькое дело — сажать деревья». Каждое действие, каким бы маленьким оно ни было, является частью большего движения к реальным переменам. Пора перестать ждать, пока кто-то другой решит эту проблему. Будущее в наших руках, и нам решать, какой мир мы хотим оставить после себя.

www.ingramcontent.com/pod-product-compliance
Lightning Source LLC
LaVergne TN
LVHW051105051026
849532LV00004BB/1435